JN295806

図解
システムアーキテクチャ

博士(工学) 野地 保 【著】

コロナ社

まえがき

　コンピュータシステムを基本とする情報処理技術（IT）とデータ通信やインターネットを実現する情報通信技術（ICT）が様々な形で関係付けられ，活用された高度情報システムは，独立して存在する情報システムや家電製品，自動車，カメラなどに組み込まれたシステム，発電所や工場などの制御システム，企業システムなど様々な目的や分野に対応して存在し，情報化社会や人と関わりながら進化している。情報システムの開発や構築は，ITとICTに関する基礎知識を活用したプロジェクト計画立案能力が必要で，特にシステム計画の段階からあらかじめ，そのシステム全体のコンセプトを明らかにして，全体構造を事前に設定した後，その概念構造に従いサブシステムや個別システムの開発を行うシステムアーキテクチャ開発手法が要求される。

　一方，パソコンやインターネット，携帯電話の普及で，Webページやブログなど情報発信基地としての役割が家庭や職場のエンドユーザでも可能な時代となってきている。情報処理技術者試験やシステムアドミニストレータなどの国家試験では，ITとICTの基本知識が問われるが，文系，理系の区別なく一般常識としても身に付けたい時代となってきている。

　本書では，このような背景からWebページ作成からシステムやプロジェクト全体に関する設計の考え方の面からシステムアーキテクチャの基本概念・機能と，システム構築・モデル化の考え方，社会との関わり方についてITとICT理解を助ける目的で書き下ろした。対象は，文理融合の学生，エンドユーザ，企業の研究開発部門，一般社会人への意識付けとした内容となっている。

　本書の執筆にあたって留意した主な点を次に挙げる。
(1) システムアーキテクチャの概要と発展過程

　システムアーキテクチャ，ICT発展の歴史的背景の考察を行い，必要性と目的を明らかにした後，システムアーキテクチャを様々な観点より分類し，その特徴を述べる。また，社会的な位置付けや日々の生活にどのように役立ってい

るかについて述べる。

(2) システムアーキテクチャの構成要素

システムアーキテクチャの構成要素としては，コンピュータ本体とともにネットワークや制御対象となる機器，基本ソフトウェア，操作を行う人間，ユーザインタフェースなど様々な要素で構成される。また，情報システムどうしが繋がり合い1つの大きなシステムを構成する場合やVLSI化，μチップ化も考えられる。これらの構成要素について述べる。

(3) システムアーキテクチャの形態

システムアーキテクチャの構成形態には，様々なものがある。代表的な構成形態に対してその特徴と利点を述べる。

(4) システムアーキテクチャの性能と信頼性(RASIS)

システムアーキテクチャの不具合は社会に大きな影響を与える。システムの故障防止対策と耐故障性について解説する。また，システムは，人間や財産に害を与えてはならない。危険な要素と，これらをカバーするための対策について解説する。

(5) システムアーキテクチャの開発手法

システムアーキテクチャの企画，概念設計，モデリング手法について考察する。応用として，インターネットビジネスモデルやホームページ作成，新システム企画，新製品開発，新技術開発の手助けとなることが期待できる。

(6) システムアーキテクチャと人との関わり合いと今後の動向

システムアーキテクチャと人はどのように関わり合ってきたかを述べるとともに今後のあり方について，さらに情報技術が今後どのように進展していくかについて解説する。

コンピュータネットワークやコンピュータシステムを介した人と人とのコミュニケーションに興味を持つ読者の参考になれば，幸いである。

2007年8月

野地 保

目次

第1章 システムアーキテクチャの基本

1.1 システムアーキテクチャとは ………………………………………… 2
1.2 システムアーキテクチャの発展 ……………………………………… 7
1.3 システムアーキテクチャの概要 ……………………………………… 9
演習問題 ……………………………………………………………………… 12

第2章 システムアーキテクチャの構成要素

2.1 情報通信技術の基礎 …………………………………………………… 14
  2.1.1 情報通信ネットワークの変遷　　　　　14
  2.1.2 情報通信ネットワークの基礎　　　　　16
2.2 情報処理技術の概要 …………………………………………………… 19
  2.2.1 情報処理と情報システム　　　　　　　19
  2.2.2 情報システムの階層構造　　　　　　　21
  2.2.3 情報処理の基本機能　　　　　　　　　23
2.3 情報システムの処理形態 ……………………………………………… 25
  2.3.1 オフライン処理とオンライン処理　　　25
  2.3.2 バッチ処理とリアルタイム処理　　　　28
  2.3.3 分　散　処　理　　　　　　　　　　　31
  2.3.4 コンピュータネットワークシステムの変遷　35
演習問題 ……………………………………………………………………… 36

第3章 システム開発手法

3.1 システムアーキテクチャ設計の流れ ………………………………… 38
  3.1.1 システム設計手法　　　　　　　　　　38
  3.1.2 システムアーキテクチャ開発　　　　　41
  3.1.3 システム開発の最適化　　　　　　　　45
3.2 システム開発の流れ …………………………………………………… 46

3.3 プログラミング方式 ……………………………………………… 49
- 3.3.1 プログラミング言語の変遷　　　49
- 3.3.2 プログラミング言語の分類と種類　　　50
- 3.3.3 プログラミング方式　　　54
- 3.3.4 プログラム設計　　　57

3.4 システム開発の自動化 ……………………………………………… 61
- 3.4.1 VLSIシステム設計技術　　　61
- 3.4.2 システムオンチップ設計技術　　　63

演習問題 ………………………………………………………………… 64

第4章 システムソフトウェア

4.1 ソフトウェア体系 …………………………………………………… 66
4.2 ヒューマンインタフェース ………………………………………… 67
- 4.2.1 使用者と情報システムとの関係　　　67
- 4.2.2 ユーザインタフェースの向上　　　69

4.3 オペレーティングシステム ………………………………………… 73
- 4.3.1 オペレーティングシステムとは　　　73
- 4.3.2 OSアーキテクチャ　　　77
- 4.3.3 ジョブ管理方式　　　78
- 4.3.4 プロセス管理方式　　　82
- 4.3.5 記憶管理方式　　　88

演習問題 ………………………………………………………………… 102

第5章 ファイルとデータベース

5.1 ファイルの概念 ……………………………………………………… 104
5.2 ファイルシステム …………………………………………………… 108
- 5.2.1 ファイル管理の構成　　　108
- 5.2.2 ファイル管理方式　　　111
- 5.2.3 ファイル編成　　　116

5.3 データベース ………………………………………………………… 118

5.3.1 データベースとは	118
5.3.2 データモデル	119
5.3.3 スキーマアーキテクチャ	120
5.3.4 データベース管理システム	121
5.3.5 リレーショナルデータベース	127

演習問題 ………………………………………………………… 128

第6章 ネットワークアーキテクチャ

6.1 情報通信ネットワーク …………………………………	130
6.1.1 ネットワークアーキテクチャとは	130
6.1.2 ネットワークモデル	132
6.1.3 通 信 制 御	133
6.2 ローカルエリアネットワーク ……………………………	141
6.2.1 LANアーキテクチャ	141
6.2.2 LAN の 構 成	144
6.2.3 LAN 間 接 続	145
6.3 インターネット …………………………………………	146
6.3.1 インターネットアーキテクチャ	146
6.3.2 基本プロトコル（TCP/IP）	148
6.3.3 インターネットのサービス	149

演習問題 ………………………………………………………… 150

第7章 様々なシステムアーキテクチャ

7.1 汎用システム分野 ………………………………………	152
7.1.1 企業システムアーキテクチャ	152
7.1.2 社会システムアーキテクチャ	156
7.1.3 オンライントランザクション処理向けシステム構成	157
7.2 組込みシステム …………………………………………	160

演習問題 ………………………………………………………… 162

第8章 システム評価

8.1 システムの信頼性 ……………………………………………… 164
　8.1.1 システム構成要素の信頼性　　164
　8.1.2 信頼性向上技術　　168
　8.1.3 システムの診断と保守　　170
8.2 コストパフォーマンス ………………………………………… 173
　8.2.1 性能評価の基本　　173
　8.2.2 コンピュータネットワークシステムの性能評価　　175
演習問題 …………………………………………………………… 178

第9章 情報通信技術の発展と今後の動向

9.1 システムアーキテクチャの発展 ……………………………… 180
9.2 次世代情報システム …………………………………………… 182
演習問題 …………………………………………………………… 184

参　考　文　献 …………………………………………………… 185
演習問題略解 ……………………………………………………… 186
索　　　　引 ……………………………………………………… 187

第1章 システムアーキテクチャの基本

《本章の内容》
1．1　システムアーキテクチャとは
1．2　システムアーキテクチャの発展
1．3　システムアーキテクチャの概要
演習問題

　本章では，システムアーキテクチャの基礎をなす情報処理技術（IT）とデータ通信やインターネットを実現する情報通信技術（ICT）を学ぶための準備を行う。

キーワード：システムアーキテクチャ，システム構成要素　　☒

　1．1節では，コンピュータシステムやネットワークシステムの基本的な設計思想であるシステムアーキテクチャとは何か，その基本的な考え方について述べる。

　1．2節では，システムアーキテクチャ発展の歴史を考察する。過去のコンピュータシステムがどのような処理形態で発展してきたかについて述べる。

　1．3節では，システムアーキテクチャの概要とシステム構成要素を解説する。

1.1 システムアーキテクチャとは

〔1〕 **システムアーキテクチャの基本概念**　情報システムは，独立して存在する情報処理システムや家電製品，自動車，カメラなどに組み込まれたシステム，発電所や工場などの制御システム，企業システムなど様々な目的や分野に対応して存在し，情報化社会や人と関わりながら進化している。コンピュータを基本とする**情報処理技術**（IT: information technologies）とデータ通信やインターネットを実現する**情報通信技術**（ICT: information and communication technologies）が様々な形で有機的に関係付けられ，活用された高度情報システムの構築は，そのシステム全体のコンセプトを明らかにして，全体構造を事前に設定した後，その概念構造に従い個別システムやサブシステムの構築を行う手法が一般的となっている。

アーキテクチャ(architecture)本来の意味は，建築様式である。情報処理の分野では，**ハードウェア**(hardware)，**ソフトウェア**(software)，**ネットワーク**(network)などの設計思想であり，その様式や構成を意味する。ここでは，個別システムやサブシステムなどの要素で構成されるシステムのアーキテクチャをシステムアーキテクチャと設定する。要素には，IT と ICT が含まれることが前提である。

システムアーキテクチャ(system architecture)とは，システムを構成する要素として**コンピュータシステム**（computer system）とネットワークシステムを基本とするシステム全体の概念的構造モデルおよび機能的な**動作原理**（POP : principles of operation）モデルである。システムを構成する要素間のインタフェースを定義したものでもあり，システム全体の構成と振る舞いが概観できるものである（図 1.1）。

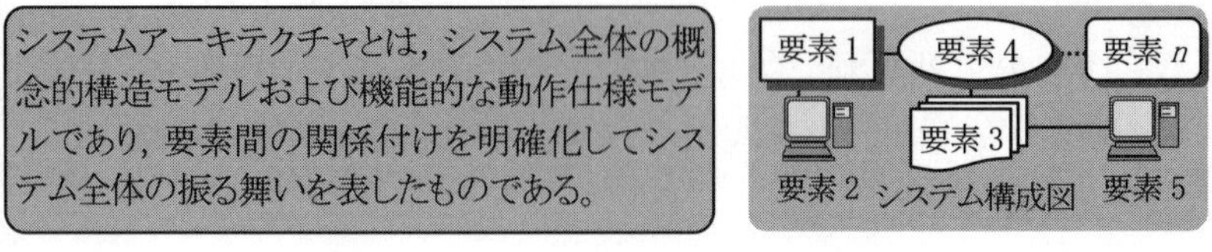

図 1.1　システムアーキテクチャの基本

〔2〕 システムアーキテクチャの基本

(1) システムアーキテクチャ開発の範囲　システム開発設計とは，目的とする機能の実現のため情報システムを総合的に組み立てていくことである。一般的には，情報システムで動かす応用ソフトウェアを開発することである。ところで，情報システムの構成要素には，人，もの，金も含めたハードウェア，ソフトウェア，個別システムなど多くが存在する。システムアーキテクチャを構築，開発するには，システム開発設計以前の製品企画，概念設計を達成できる技術力，洞察力が必要となる。大きなプロジェクト開発では，人，もの，金の管理，運営も要求される。多くの意見の集約と方向性，目的を明らかにすることが重要となる。また，必要に応じて，構成要素を導入するのではなく開発する場合も生じる（図1.2）。

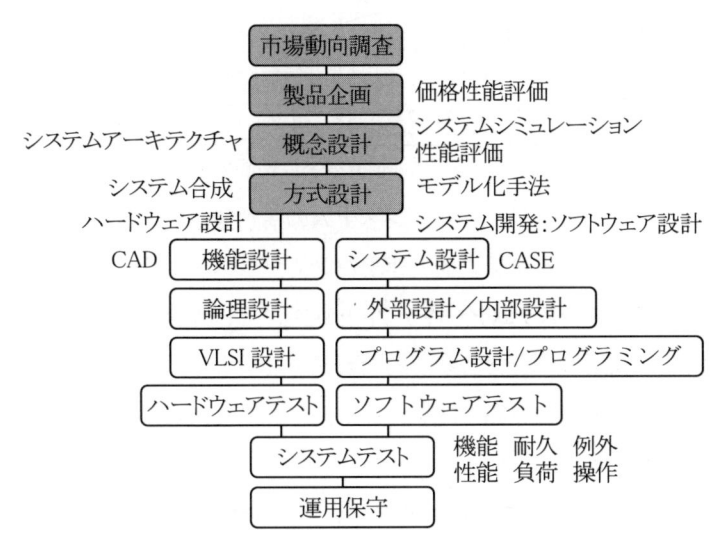

図1.2　システムアーキテクチャ開発の流れ

このような背景からシステムアーキテクチャ開発では，既存の情報システムモデルやコンピュータシステム，ネットワークシステムに関する知識，技術が不可欠となる。システムアークテクチャは，第三者への可視化と設計者の備忘録を目的に，システム構成図や，システムアーキテクチャ設計仕様書，システム方式仕様書，システム概念設計書などの形にまとめることが重要である。

(2) システム構成要素の階層構成　システムとは，いくつかの構成要素が一体となって，ある目的を達成する機能全体であり，構成要素もサブシステムやブロック，部品などに細分化，階層化される。各階層も，さらに階層化された構成要素群で構成される（**図 1.3**）。サブシステムを構成する単体システム，例えばパソコンやオペレーティングシステム（OS：operating system）は，機能単位や構成単位でまとめられたブロックに分割され，さらに部品，モジュールなどの構成要素に分割される。

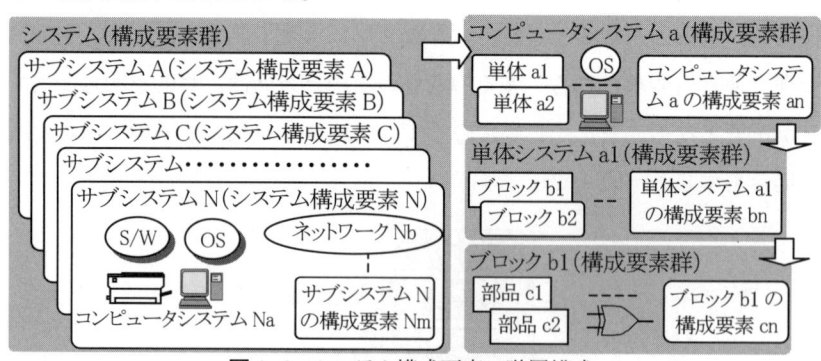

図 1.3　システム構成要素の階層構成

通常，システムアーキテクチャはシステムの構造設計と解釈され，ハードウェアとソフトウェア，システム構成要素を含めたシステム全体の製品企画，システム開発設計者を**システムアーキテクト**と呼ぶ。アーキテクチャ技術はシステム理論，製造，利用技術を含む多面的な要素を必要とし，広義には，製品企画段階からシステム全体の機能，性能，拡張性，互換性，価格などを把握しながら設計を進める必要がある。

(3) コンピュータリテラシの必要性　**コンピュータリテラシ**は，単にコンピュータを操作する能力のことではなく，コンピュータを道具として使いこなし，収集した様々な情報を効率的に加工，活用して適切な意思決定支援を行う能力のことである。システム利用技術の専門家は**システムアドミニストレータ**と呼ばれ，その求められる技術力にシステム化計画能力，システム評価技術，ユーザインタフェース設計技術などがあり，ユーザの立場でシステムアーキテクチャ開発に参加できる。

(4) ハードウェアとソフトウェアのトレードオフ　システムアーキテクチャの機能は，ハードウェアとソフトウェアどちらか最適な方法で実現する必要がある。ハードウェアで実現すると，性能は向上するが，コスト面，拡張性で問題が発生することをあらかじめ想定しなければならない。一方，ソフトウェアで実現すると拡張性，柔軟性には優れるが，性能面への影響を考慮する必要がある。ソフトウェアもパッケージソフトを使うか，カスタマイズするかの選択がある。

(5) 価格と性能　一般的な事務処理，産業システム，銀行業務など対象となる業務や分野により必要な機能，装置，価格などが決まってくる。システムアーキテクトは，開発期間（価格）や購入価格と要求性能とのバランスを考えた設計を行う。

(6) アンバンドリング　コンピュータのハードウェアやソフトウェア，教育，バージョンアップなどの価格を分離して販売することを**アンバンドリング**(unbundling) という。1969 年に IBM 社が最初に始め，現在でも多くのソフトウェアが原則として有料である。両者をまとめて販売する**バンドリング**は，パソコンの分野で一部行われている。

(7) コンピュータシステム　狭義には，ハードウェアと**システムソフトウェア**(system software)を合わせてコンピュータシステムと呼ぶ。コンピュータシステムに業務対応した**応用ソフトウェア**(application software)を設定したものを**情報処理システム**(information processing system)，または**データ処理システム**(data processing system)と呼ぶ。システムソフトウェアは，OS 機能を含み，ハードウェアの効率的運用を図る。

パソコンやインターネット，携帯電話の普及で，**EUC**（end user computing）の形態にも変化が生まれ，会社や家庭においても**パッケージソフト**やツールを利用して新しいシステムやインターネットシステムなどの設計が可能となった。この形態は，規模は小さいが情報システムの開発設計といえる。

広義には，ソフトウェアやコンピュータ利用の目的で定めた規則や人材の集団，システム構想の設定まで含む場合もあり，コンピュータシステムを情報処理システムや情報システムと同類と考えることもある。

(8) **オープンシステム** **オープンシステム**とは，基本機能やインタフェース，操作手順などの標準仕様を公開しているコンピュータシステムやネットワークシステムなどのことで，インターネットシステムや**クライアントサーバシステム**，UNIXなどがある。

(9) **ダウンサイジング** VLSI (very large scale integration) 半導体技術の発展によりマイクロプロセッサや組込みシステムの高機能化をもたらし，パソコンや情報家電製品，携帯通信機器の多様化，小型化，性能向上，低価格化に寄与していわゆる**ダウンサイジング**(down sizing)状況にある。この傾向は，技術的な面にも影響を与え，従来ソフトウェアシステムで実現していたものが，ハードウェアと一体化する，パソコン機能が携帯電話に組み込まれるなど，システムが多様化しており，単純にハードウェアとソフトウェアを分離して開発できない傾向にある。

(10) **情報社会とインターネット** 情報社会では，コンピュータやネットワークを介してリアルタイムに世界中の情報を入手することが可能となる。コンピュータを利用して最新の大量情報を手に入れることができる人とそうでない人（**情報弱者**という）との社会的，経済的格差を**情報格差**（digital divide）という。一方，インターネット情報の信憑性，不正アクセス，不正使用，なりすまし，個人情報の漏洩，著作権の侵害，コンピュータウイルスへのセキュリティ対策など課題も多い。

(11) **システムの処理形態と種類** コンピュータシステムは，一般的に適用分野や搭載されたOS，大きさ，性能，価格などの違いにより分類される。大規模な科学技術計算用**スーパコンピュータ**は，事務処理，科学技術計算両方に対応する**汎用コンピュータ**，UNIXを搭載し，**CAD**（computer aided design）分野，制御システム分野，分散処理分野に適した**ワークステーション**，**GUI**(graphical user interface)にすぐれたパソコンなどがある。これらのコンピュータで構築されるシステムは，処理形態の基本的構造や機能により，**バッチ処理**，**リアルタイム処理**，**オンラインリアルタイム処理**，**クライアントサーバシステム**，**ピアツーピアシステム**などに分類される。

1.2 システムアーキテクチャの発展

〔1〕 **コンピュータの出現**　コンピュータ誕生以前は，情報処理を人間の手作業計算中心に行ってきた。紀元前ピラミッドの時代から計算の道具として，（砂）そろばんが利用されていた。その後，人間社会の発展に伴い，計算の機械化，自動化を目指してきた。パスカルの歯車式計算機から約300年後にコンピュータが出現した（図1.4）。当初，コンピュータは膨大な数値計算を高速に実行することが目的であった。プログラムやOS，アーキテクチャの考え方のない真空管と配電盤による制御方式であった。**ノイマン型コンピュータ**は，現在もコンピュータの基本原理として引き継がれている。**コンピュータアーキテクチャ**の考え方は，1970年代のIBM社の汎用コンピュータ370シリーズで確立された。

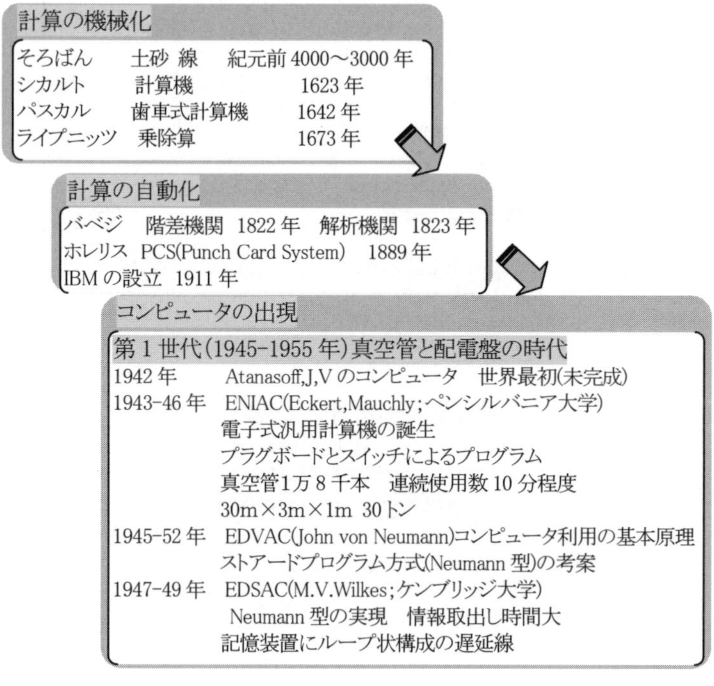

計算の機械化

そろばん	土砂線	紀元前4000～3000年
シカルト	計算機	1623年
パスカル	歯車式計算機	1642年
ライプニッツ	乗除算	1673年

計算の自動化

バベジ　階差機関 1822年　解析機関 1823年
ホレリス　PCS(Punch Card System)　1889年
IBMの設立 1911年

コンピュータの出現

第1世代(1945-1955年)真空管と配電盤の時代
1942年　　　Atanasoff,J,Vのコンピュータ　世界最初(未完成)
1943-46年　ENIAC(Eckert,Mauchly；ペンシルバニア大学)
　　　　　　電子式汎用計算機の誕生
　　　　　　プラグボードとスイッチによるプログラム
　　　　　　真空管1万8千本　連続使用数10分程度
　　　　　　30m×3m×1m　30トン
1945-52年　EDVAC(John von Neumann)コンピュータ利用の基本原理
　　　　　　ストアードプログラム方式(Neumann型)の考案
1947-49年　EDSAC(M.V.Wilkes；ケンブリッジ大学)
　　　　　　Neumann型の実現　情報取出し時間大
　　　　　　記憶装置にループ状構成の遅延線

図1.4　コンピュータの出現

1. システムアーキテクチャの基本

〔2〕 **システム構成要素技術の変遷**　コンピュータ技術は，アーキテクチャと**テクノロジ**(技術)の進歩に支えられ発展，世代交代を繰り返してきている。当初，コンピュータの処理形態は，バッチ処理が主で膨大な数値計算を高速に実行することが目的であった。その後，単純計算の多量の繰返し演算からネットワーク利用のオンラインリアルタイム処理へ，さらに音声，画像など非数値の**マルチメディア処理**へと応用分野が拡大していった。コンピュータアーキテクチャから始まったシステムアーキテクチャも**インターネット**の普及，携帯電話サービスの拡大に伴い，あらゆる分野で多様化，進化している（図1.5）。

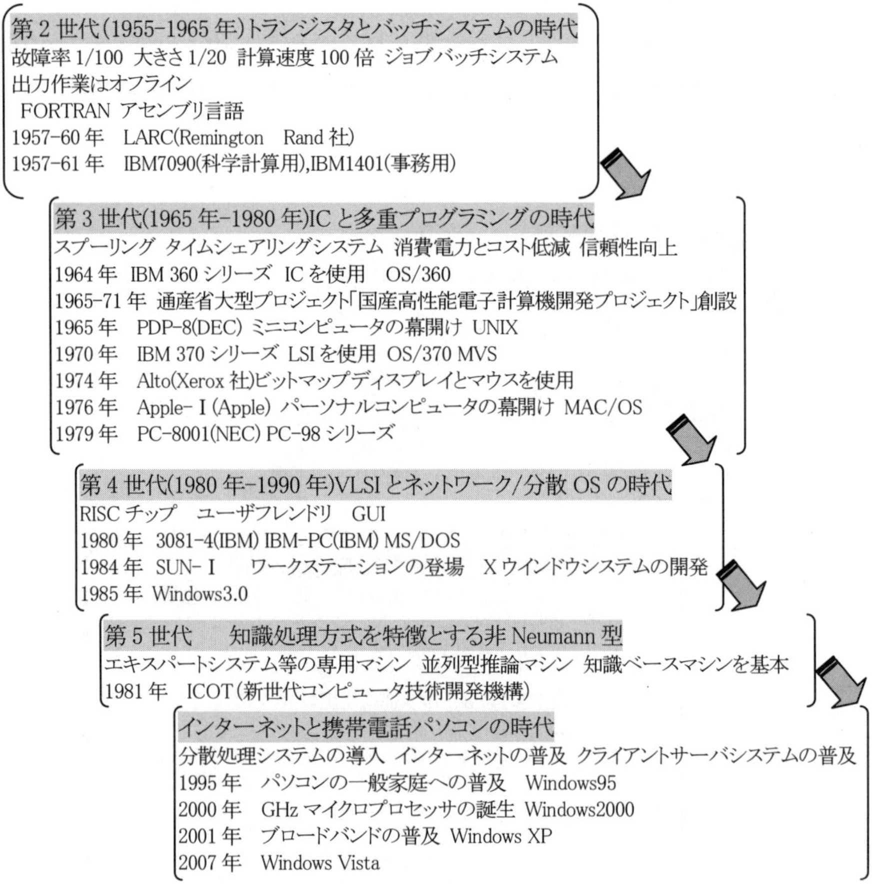

第2世代(1955-1965年)トランジスタとバッチシステムの時代
故障率1/100　大きさ1/20　計算速度100倍　ジョブバッチシステム
出力作業はオフライン
　FORTRAN　アセンブリ言語
1957-60年　LARC(Remington　Rand社)
1957-61年　IBM7090(科学計算用),IBM1401(事務用)

第3世代(1965年-1980年)ICと多重プログラミングの時代
スプーリング　タイムシェアリングシステム　消費電力とコスト低減　信頼性向上
1964年　IBM 360シリーズ　ICを使用　OS/360
1965-71年　通産省大型プロジェクト「国産高性能電子計算機開発プロジェクト」創設
1965年　PDP-8(DEC)　ミニコンピュータの幕開け　UNIX
1970年　IBM 370シリーズ　LSIを使用　OS/370 MVS
1974年　Alto(Xerox社)ビットマップディスプレイとマウスを使用
1976年　Apple-I(Apple)　パーソナルコンピュータの幕開け　MAC/OS
1979年　PC-8001(NEC)　PC-98シリーズ

第4世代(1980年-1990年)VLSIとネットワーク/分散OSの時代
RISCチップ　ユーザフレンドリ　GUI
1980年　3081-4(IBM) IBM-PC(IBM) MS/DOS
1984年　SUN-I　ワークステーションの登場　Xウインドウシステムの開発
1985年　Windows3.0

第5世代　知識処理方式を特徴とする非Neumann型
エキスパートシステム等の専用マシン　並列型推論マシン　知識ベースマシンを基本
1981年　ICOT(新世代コンピュータ技術開発機構)

インターネットと携帯電話パソコンの時代
分散処理システムの導入　インターネットの普及　クライアントサーバシステムの普及
1995年　パソコンの一般家庭への普及　Windows95
2000年　GHzマイクロプロセッサの誕生　Windows2000
2001年　ブロードバンドの普及　Windows XP
2007年　Windows Vista

図1.5　システム構成要素技術の変遷

1.3 システムアーキテクチャの概要

システムアーキテクチャ技術は情報処理技術（IT）と情報通信技術（ICT）である。この2つの技術を基本に情報システム構築を図るシステムアーキテクチャに必要な要素(技術，システムなど)は，①コンピュータアーキテクチャ，②**ネットワークアーキテクチャ**，③**OSアーキテクチャ**，④**ファイルシステム**，⑤**データベース管理システム**，⑥システム企画，⑦開発手法，⑧プレゼンテーション，⑨コンピュータリテラシ，である。

〔1〕 **情報システムの基本機能**　情報システムは，コンピュータシステムで構成され，計算，制御，検索，トランザクション処理，メッセージ交換，プレゼンテーション，ネットワークの7大機能を基本とする（図1.6）。**組込みシステム**など **VLSI システム**は，コンピュータシステムが情報システムと同じ構成と機能を持つ場合もある。

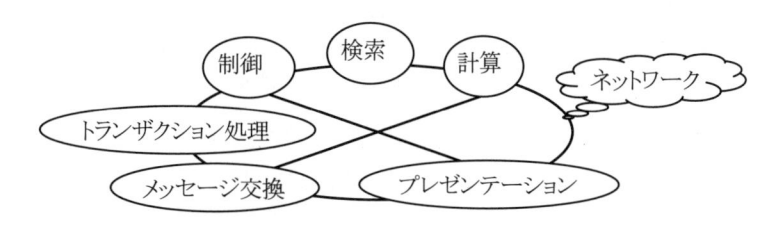

図1.6　情報システムの7大機能

〔2〕 **コンピュータシステム**　コンピュータシステムは，ハードウェアシステムとソフトウェアシステムで構成される。ハードウェアシステムは，コンピュータ本体，計算機本体などという。ソフトウェアは，利用技術(プログラム開発力，応用力)で，プログラムとデータの集まりで構成される。

(1) **コンピュータの基本機能**　コンピュータは入力，記憶，演算，制御，出力の5大機能から成り立っている。5大機能を人間の体にたとえると，眼や耳は情報を取り込む働きの器官で入力に相当し，頭脳は情報を記憶して処理する働きの器官で記憶，演算，制御に相当し，口や手足は情報を表現する働きの

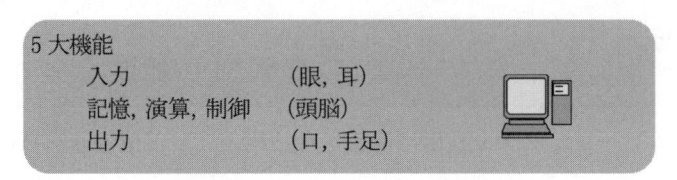

```
5大機能
  入力              (眼, 耳)
  記憶, 演算, 制御   (頭脳)
  出力              (口, 手足)
```

図1.7 コンピュータの5大機能

器官で出力に相当する（**図1.7**）。

(2) **ハードウェア**　5大機能は基本的な装置（unit）で構成される。パソコンや組込みシステムでは，いくつかのユニットが，**CPU** または **MPU**（micro processing unit）と呼ばれる1つのマイクロプロセッサで構成される。通常は，**基本ソフトウェア**(basic software)であるオペレーティングシステム（OS）の制御のもとでシステム動作する（**図1.8**）。

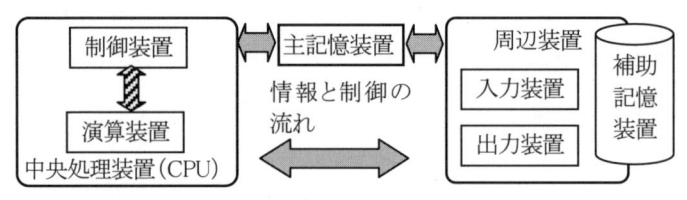

図1.8 コンピュータの基本構成

(3) **ソフトウェア**　「プログラムの集まり」をソフトウェアという。利用技術，プログラム開発手法，コンピュータ運用法やこれらに関するドキュメントなども含まれる（**図1.9**）。

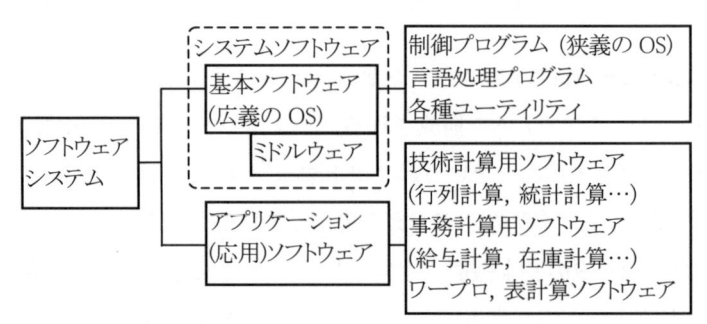

図1.9 ソフトウェアシステムの構成

〔3〕 **システムアーキテクチャ**　システムアーキテクチャを構成する要素に対応したアーキテクチャレベルを分類する。インターネットの時代になるとコンピュータシステムの機能が増大して従来の情報処理システムや情報システムのレベルをコンピュータシステム，ネットワークシステムが対応できる時代となっている。システム開発では，標準的なシステムモデルを組み合わせて構築する（図1.10）。

システムモデル

◆ビジネスシステム,インターネットビジネスモデル
(1)経営情報システム,(2)会計情報システム,(3)OAシステム,
(4)流通情報システム,POS,EOS,在庫管理システム

◆社会システム
(1)予約サービスシステム,(2)金融システム,金融情報システム,金融機関相互ネットワーク,日銀ネット,全銀ネット,SWIFT,顧客取引ネットワーク,ファームバンキング,ホームバンキング,銀行POS,カードシステム,(3)情報提供システムCAPTAINシステム,インターネット情報検索システム,商用データベース,自治体情報提供システム,(4)医療情報システム

◆VLSIシステム,組込み

◆エンジニアリングシステム
(1)生産自動化システム,数値制御,CAM,自動監視システム,ロボットシステム,自動搬送システム,自動倉庫,(2)FAシステム,CAD, CAM,CAE, CIM,CAP, MRP

システム開発設計技術

| マーケティング | システム企画 | プログラミング技術 | 信頼性向上技術 | 性能評価 |

| OSアーキテクチャ | 基本ソフトウェア | ファイルシステム | データベースシステム |

コンピュータアーキテクチャ

命令セットアーキテクチャ　入出力アーキテクチャ
主記憶装置　周辺装置
演算装置　制御装置　入力装置　補助記憶装置
中央処理装置(CPU)　出力装置

ネットワークアーキテクチャ

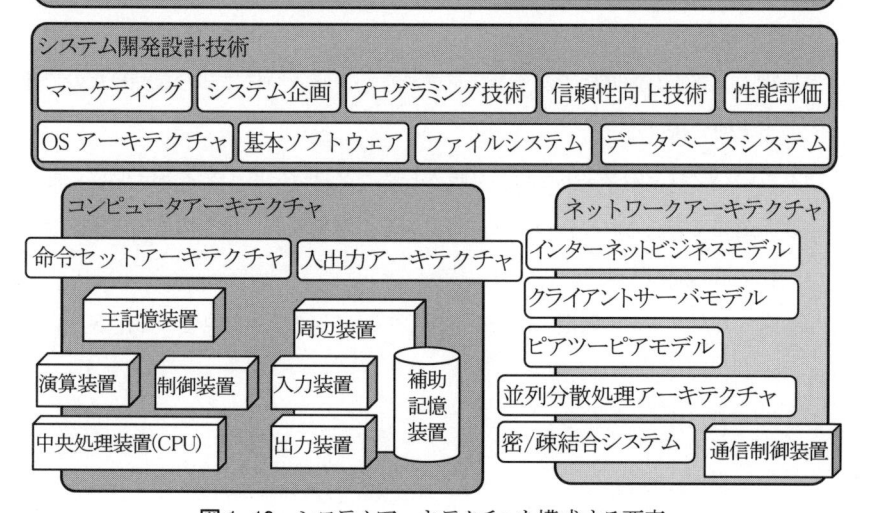

インターネットビジネスモデル
クライアントサーバモデル
ピアツーピアモデル
並列分散処理アーキテクチャ
密/疎結合システム　通信制御装置

図1.10　システムアーキテクチャを構成する要素

演習問題

[1.1] 情報システムの7大機能の名称とその働きを述べよ。

[1.2] コンピュータの5大機能の名称とその働きを述べよ。

[1.3] 身近な製品，例えばパソコンや家電製品，自動車などの構成要素を考察せよ。

[1.4] 情報処理システム，コンピュータシステムの違いをアーキテクチャ面で考察せよ。

[1.5] 次の記述中の番号に適切な語句を入れよ。

　　コンピュータは①，②，③，④，⑤の5大機能から成り立っている。人間の器官にたとえると，眼や耳は「情報を取り込む」働きの器官で①に相当し，頭脳は「情報を処理および②する」働きの器官で③と④に相当し，口や手足は「情報を表現する」働きの器官で，⑤に相当する。

[1.6] 情報の基礎知識に関して次の問いに答えよ。

(1) 次の①から④を速い順に並べよ。

　　① 3Gbps　② 500Mbps　③ 100MB/s　④ 1 GB/s

(2) 論理和 A+B を論理積（・）を用いて表せ。

(3) 特別な契約条件がない場合，ソフトウェア使用において著作権法上違反となる行為を選べ。

①購入ソフトが海賊版であると注意されたが，購入時には知らなかったのでそのまま使い続ける。

②古いパソコンのソフトを新しく購入したパソコンに再インストールして使う。

③派遣先で委託されて作ったプログラムを派遣期間終了後も派遣先の承諾なく自社に持ち帰って使う。

④購入したソフトの破損・紛失を考慮して，バックアップコピーを作る。

第2章
システムアーキテクチャの構成要素

《本章の内容》
2.1 情報通信技術の基礎
2.2 情報処理技術の概要
2.3 情報システムの処理形態
演習問題

　システムとは，いくつかの構成要素が一体となって，ある目的を達成する機能全体である。システムアーキテクチャの構成要素技術はシステム理論，製造，利用技術を含む多面的な要素を必要とする。本章では，コンピュータを基本とする情報処理技術（IT）とデータ通信やインターネットを実現する情報通信技術（ICT）を基本に情報システムの基本的な処理要素とその応用処理形態について説明する。製品企画段階からシステム全体の機能，性能，拡張性，互換性，価格などを把握しながら設計を進める基本的な事項である。

キーワード:オンラインシステム, 分散処理, クライアントサーバ, ピアツーピア　✕

　2.1節では，データ通信システムやデータ伝送の基礎を説明する。

　2.2節では，情報と情報処理の基本，コンピュータシステム，情報処理システム，情報システムの階層構造とアーキテクチャとの関係を述べる。

　2.3節では，各種情報システムの処理形態について述べる。

2.1 情報通信技術の基礎

2.1.1 情報通信ネットワークの変遷

(1) 電信電話による電気通信　コンピュータが開発された時代に情報を電気で伝える手段として電気通信が利用され始めた。1837年のモールス電信機の発明から情報の符号化(モールス符号)が始まり，1876年には電話が発明され音声による通信が可能となる。

(2) データ通信システム　コンピュータとコンピュータまたは端末間でデータの授受を行う伝送路を**通信回線**(communication line)，またはデータ通信回線とも単に回線ともいう。

コンピュータ間(遠隔端末も含む)での回線を介したデータ処理と**データ伝送**(data transmission)を行うシステムを**データ通信システム**(data communication system)と呼ぶ(図2.1)。

図2.1　データ通信システム

1958年には最初の情報通信システムといわれる**SAGE**(semi-automatic ground environment)が登場する。日本では，1964年開始の**オンラインシステム**(online system)「みどりの窓口」の列車予約システム，1968年運用開始の地方銀行協会の為替交換システムなどであった。

(3) コンピュータネットワーク　ネットワークの機能を利用して，コンピュータを相互に接続した**通信ネットワーク**(網：communication network)で，複数のコンピュータを結んで，処理の分散やデータを共同利用できるシステムを**コンピュータネットワーク**(computer network)，または単にネットワークともいう。1973年に稼働した全国の銀行をコンピュータネットワークで繋いだ全国銀行協会データ通信システムがある。

汎用コンピュータ中心のオンラインシステムは，ダウンサイジングが進み，ミニコンピュータなどへと変貌する。企業間ネットワークの普及に伴い，**電子データ交換**(EDI：electronic data interchange)を利用する電子商取引形態や他社と

の差別化を図る**戦略情報システム**（SIS）が導入され，ビジネス形態も多様化している。近年では，ネットワークは，音声や画像などのマルチメディア情報を扱うことが多く，データ通信システムも含めて情報ネットワークという。

（4）**インターネット**　コンピュータネットワークどうしを接続したネットワークを**インターネット**（Internet）という。インターネットは，1969年のアメリカ国防省の**ARPANET**に端を発し，標準プロトコルはARPANETから派生した**TCP/IP**を使用する。また，データに宛先を付けた**パケット**（packet）を送信すると故障したパケット交換機や通信回線を避けて，宛先までの経路選択を行うパケット技術が，インターネットには採用されている。日本では，インターネットの商用利用が解禁となり，1993年秋から第2種通信事業者VAN（付加価値通信網），1994年からパソコン関連企業が，インターネットへの接続サービスを始め，1995年のWindows95発売や**ローカルエリアネットワーク**（LAN：local area network），**WWW**ソフトウェアの影響もあり，爆発的に拡大している。

インターネットの利用形態も**電子メール**による情報交換から，データの共有，**グループウェア**，サテライトオフィス，インターネットバンク，インターネットビジネスなどへとより高度化，多様化の傾向にある。

移動体通信や携帯電話は，ディジタル通信化が進みインターネット環境の提供によりモバイルコンピューティングを実現しつつある。

（5）**次世代通信網**　電気通信網はアナログ電話網からディジタル通信網に変化し，さらに**次世代通信網**（**NGN** :next generation network）へと変革しようとしている。NGNは，「電気通信サービスの提供を目的に，広帯域かつサービス品質制御の可能な様々なトランスポート技術を活用したパケットベースのネットワークであり，サービス関連機能がトランスポート関連技術とは独立なものである」と，国際電気通信連合電気通信標準化部門（ITU-T）で定義されている。NGNは，従来の電気通信網では実現できない利用者が，いつでも，どこからでも，必要な情報にアクセスして活用できるユビキタス環境を実現するためのネットワークインフラとして期待されている。

2.1.2 情報通信ネットワークの基礎

〔1〕 通信回線

(1) **2線式回線と4線式回線** 通信回線は，コンピュータ間でのデータ伝送路で1対（2本）以上の伝送線で構成される。通信回線が1対（2本）で構成されるものが**2線式回線**，2対（4本）で構成されるものが**4線式回線**である。電話交換網が提供する通信回線は，加入者は2線式で，交換機間の中継機は4線式で，2-4線式変換をハイブリッドトランスで行っている。等価的に4線式で**全二重伝送**（双方向）である。

(2) **有線回線と無線回線** 一般加入者の電話回線は有線回線で，携帯電話などの移動体通信，無線LANは無線回線である。

(3) **アナログ回線とディジタル回線** 一般電話は，**アナログ回線**で，ディジタル信号を送るときは，**モデム（MODEM）**で**ディジタル変調（AD**: analog to digital）して送る。アナログからディジタルへの復調（**DA**: digital to analog）もモデムにより行う。

〔2〕 **通信速度の単位** データ通信の速度を表す単位には3種類ある（**表2.1**）。

表2.1 データ通信速度の単位

単 位	対 象	意 味
bps（ビット/秒）	伝送速度	bit per second, 1秒間に伝送できるビット数
ボー（baud）	変調速度	1秒間に変調できる最大変調回数
文字/秒, 文字/分	伝送速度	1秒間または1分間に伝送できる文字数

〔3〕 通信サービス

(1) **専用回線サービス** 回線をNTTから借用して，自社専用の通信回線として利用する。高速回線が定額料金で常時接続状態で利用できる。NTTの専用回線には，一般専用サービス，高速ディジタル伝送サービス，衛星通信サービスがある。

(2) **データ交換サービス**　コンピュータを利用するときだけ通信回線を利用する方式で，**回線交換サービス**と**パケット交換サービス**がある。

① **加入者電話サービス**（公衆回線）　一般家庭用電話サービスで，アナログ回線による音声伝送用電話網である。インターネットで利用するには，アナログディジタル変換装置モデムを使う。最大 56 kbps 転送であるが，最近では高速で常時接続のブロードバンド（broadband）サービスとして **ADSL**（asymmetric digital subscriber line）や **CATV** インターネットが主流である。ADSL は 1.5 Mbps〜50 Mbps のスピードを提供する。

② **回線交換サービス**　回線交換サービス（DDX-C：line switching service）は DDX（digital data exchange）サービスの 1 つで高品質通信が可能で従量料金制をとる。通信手順は，1) 通信に先立って通信先指定で回線を接続し，2) 以降のデータ伝送は専用回線と同様に回線を専有，3) データ伝送終了後，切断する。

③ **パケット交換サービス**　パケットは小さな包みを意味する。**パケット交換サービス**（DDX-P）では通信に先立って通信先指定で論理的な回線を接続する。長い情報を短く切って，パケットとして宛名を付けて送る。空いている回線を利用するため回線交換方式より使用効率が良いのが特徴である。不特定多数の相手と少量のデータ通信をするのに適する。

④ **ISDN**　サービス統合ディジタル網（**ISDN**：integrated services digital network）といい，音声，画像，文字，符号を 1 つのディジタル回線で通信が可能である。基本インタフェースは，INS ネット 64 と呼ばれ，伝送速度が 1544 Kbps のインタフェースは INS ネット 1500 と呼ばれている。64 Kbps の B チャネル，16 Kbps の D チャネル，384 Kbps，1536 bps，1920 bps，の H チャネルで構成されている。INS ネット 64 は 2 本の B チャネルと 1 本の D チャネルで構成され 2B+D と表す。

現在では，100Mbps **光ファイバケーブル**（optical fiber cable）を利用する **FTTH**（fiber to the home）に代わってきている。

〔4〕 **LAN**　同じ建物内や敷地内など比較的狭い範囲内でのネットワークである。資源の共用，情報交換などが目的であり，LAN（local area network）の主な構成形態（トポロジー）を図2.2に示す。

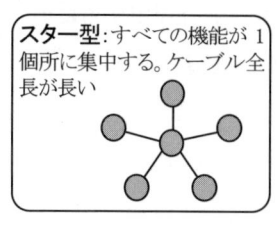

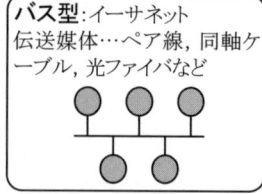

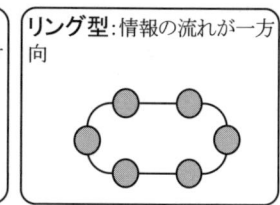

スター型：すべての機能が1個所に集中する。ケーブル全長が長い

バス型：イーサネット　伝送媒体…ペア線，同軸ケーブル，光ファイバなど

リング型：情報の流れが一方向

図2.2　LANの構成形態

〔5〕 **伝送方式**　データの流れる方向により次の3つの通信方式に分けられる（図2.3）。

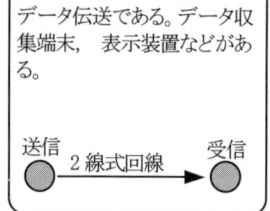

単方向伝送(simplex transmission)：一方向のみのデータ伝送である。データ収集端末，表示装置などがある。

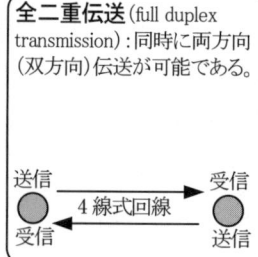

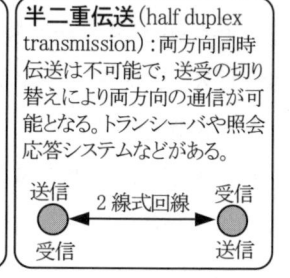

全二重伝送(full duplex transmission)：同時に両方向（双方向）伝送が可能である。

半二重伝送(half duplex transmission)：両方向同時伝送は不可能で，送受の切り替えにより両方向の通信が可能となる。トランシーバや照会応答システムなどがある。

図2.3　伝送方式

〔6〕 **送信方式**　情報の送信は，単一ユーザ，特定多数，不特定多数で分類される（図2.4）。

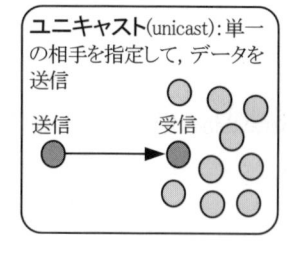

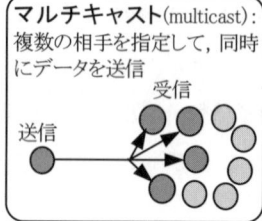

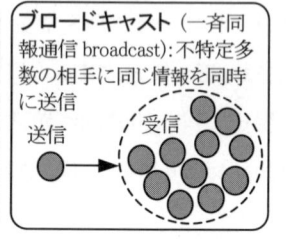

ユニキャスト(unicast)：単一の相手を指定して，データを送信

マルチキャスト(multicast)：複数の相手を指定して，同時にデータを送信

ブロードキャスト（一斉同報通信 broadcast）：不特定多数の相手に同じ情報を同時に送信

図2.4　送信方式

2.2 情報処理技術の概要

　情報処理システムは，ハードウェアと基本ソフトウェアで構成されるコンピュータシステムに応用ソフトウェアを組み込み，ある目的を持って情報を処理するシステムである。まず，システムアーキテクチャ開発におけるコンピュータシステム，情報処理システム，**情報システム**(information system)の位置付けを理解するために，情報処理の基本と情報システムの構成要素について述べる。

2.2.1　情報処理と情報システム

（1）**データと情報**　　情報処理(information processing)では，大量の**データ**(data)をコンピュータシステムが活用できる形に変換して与え高速に処理する。処理されたデータは何らかの意味を持つ**情報**(information)となる。また，情報を体系的に整理，蓄積したものが知識である(図2.5)。情報の最小単位は，ビットで，nビットで2^nの状態を表現できる。

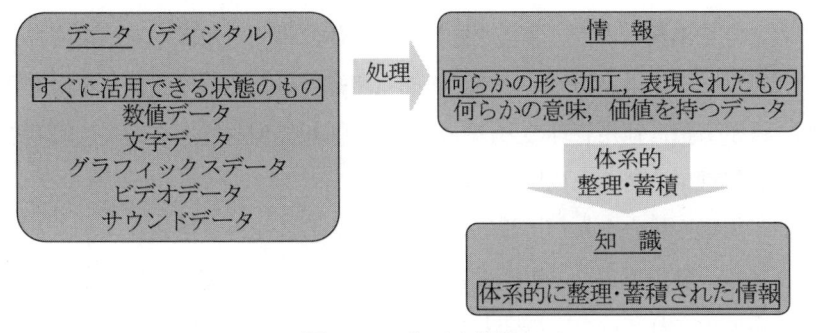

```
┌─────────────────────┐              ┌─────────────────────┐
│  データ（ディジタル） │              │       情　報        │
│ すぐに活用できる状態のもの│  →処理→  │ 何らかの形で加工，表現されたもの│
│     数値データ      │              │ 何らかの意味，価値を持つデータ│
│     文字データ      │              └─────────────────────┘
│  グラフィックスデータ  │                        ↓ 体系的
│     ビデオデータ     │                        整理・蓄積
│    サウンドデータ    │              ┌─────────────────────┐
└─────────────────────┘              │       知　識        │
                                      │ 体系的に整理・蓄積された情報│
                                      └─────────────────────┘
```

図2.5　データと情報

（2）**情報処理とは**　　情報処理とは，目的とする情報を収集・加工して，情報を必要とするユーザ（利用者：user）に提供（伝達）することである（図2.6）。例えば，人間の行動決定のプロセスは，外から入ってくる刺激や情報を脳の中で判断（蓄積・加工）して，次の行動（処理）に移すことを毎回行っているので情報処理の一形態でもある。

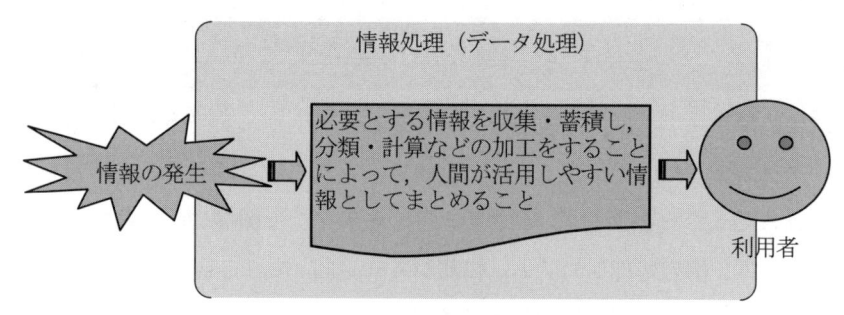

図 2.6 情報処理とは

(3) **情報処理とコンピュータ**　情報処理にコンピュータが使われる背景には，コンピュータの処理能力（処理速度が速い）が人間に比べて高いことが挙げられる。処理能力とは，単位時間当りの仕事量で表されるから，例えば，1つの仕事（情報）を処理する能力がコンピュータの命令実行時間に等しく，1ns（1/10億分の1秒）とすると，人間が10億年かかってできる仕事をコンピュータは1年で処理してしまう計算になる。

(4) **情報システムとは**　個人的なユーザや組織の中で処理される一連の作業の固まりを**業務**という。業務を遂行する主体は人間（組織）で，業務の支援を情報処理システムが担っている。人間（組織）は，仕事の仕方，業務遂行の手順，役割分担，運用管理の方法，体制など情報処理を行うための仕組みを決めて情報処理システムを利用している。

人間や組織全体を含んだ情報処理を行うための仕組みを情報システムと呼ぶ。マニュアル，書類形式など定性化されたもの以外に，約束事，過去の事例，慣習など定性化されていない場合も多く，同じ情報処理システムを別な組織に適用しても同じ情報システムができるとは限らなくなる。部門の統合，会社の合併などに伴う人的ミスで情報システムがうまく機能しなくなり，銀行，航空管制システムなど社会全体に大きな影響を与える場合がある。

2.2.2 情報システムの階層構造

システム構成要素にコンピュータやネットワークを活用する情報システムの階層構造を図2.7に示す。

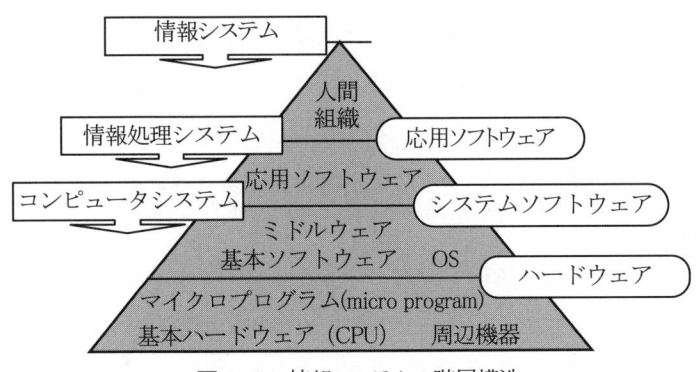

図2.7 情報システムの階層構造

(1) **コンピュータシステム**　コンピュータシステムは，ハードウェアとハードウェアを効率的に活用する機能を提供するシステムソフトウェアで構成される。ハードウェアは，論理的な機構である**マイクロプログラム**（**ファームウェア**:firmware とも呼ぶ）や中央処理装置（CPU），主記憶装置（memory）など物理的な機構である基本ハードウェア(basic hardware)と周辺機器(peripheral equipment)で構成される。マイクロプログラムは，CPUの命令実行制御や周辺機器の制御装置（入出力制御装置）のドライバ，組込みシステムの実行制御などに利用され，広義のソフトウェアと考えることができる。

システムソフトウェアは，基本ソフトウェアと**ミドルウェア**(middleware)に大別できる。基本ソフトウェアは，コンピュータシステムの**資源**（リソース）を有効活用する機能を主とするため広義のオペレーティングシステム（**OS**）と呼ばれ，言語処理プログラムなどを含む。ミドルウェアは，基本ソフトウェアと応用ソフトウェアとの連携を行う機能を持ち，**データベース管理システム**(DBMS：database management system)，ネットワーク管理ソフトウェア，グラフィック制御機能，文書処理（ワープロ）機能などで構成される。

(2) **情報処理システム**　コンピュータシステムにユーザの要求を処理する特定の機能や目的，分野，業務別の処理形態に対応した機能を提供する応用ソフトウェアを組み込んで構成される。応用ソフトウェアは，ユーザの目的別に開発される。家庭電化製品，自動焦点式カメラ，ロボットシステムなど特定分野向けシステムは，応用ソフトウェアが提供する機能があらかじめコンピュータシステムに組み込まれている場合があり，このようなコンピュータシステムは，情報処理システムに等しいと考えることができる。最近のVLSIシステム，マイクロチップシステムなどは特定機能を備えたコンピュータシステム＝情報処理システムといえる。

　情報処理システムは，実現方式がハードウェア，ソフトウェア，ファームウェアかで分類するのでなく，ユーザの要求（情報）を処理する機能を有しているかどうかで分類される。コンピュータシステムが，ユーザの要求機能をすべて満たしている場合は，そのシステムは情報処理システムといえる。

(3) **情報システム**　情報処理システムを利用する人間や組織の役割分担や利用手順などを含めて業務（情報）を処理するシステム全体の仕組みを情報システムといい，体制やコンピュータ活用教育なども含めたシステムの仕組みを総合的に作り上げることを**システムインテグレーション**（**システム構築**，SI: system integration）という。

(4) **システム設計に必要な技術**　システムの目的，機能，性能などのシステム要件を設定して実現化方式を設計することを**システム設計**（system design）という。システム開発や構築に入る前の上流工程における基本計画の立案や設計作業のことで，ハードウェア，ソフトウェア，人員，時間などの資源をどのように配分してシステム化計画，プロジェクト実行計画を要求定義としてまとめるかの方針を決定する。

　システム設計の手順は開発するシステムの目的や規模により異なるが，システム設計に必要な技術要件は，コンピュータの基本概念，処理形態，OS，データベース，通信技術，開発手法などである。

　本書では，これらの技術を中心に述べる。

2.2.3 情報処理の基本機能

情報システムの基本的な処理形態は，6つの基本機能（**計算，検索，制御，トランザクション処理，メッセージ交換，プレゼンテーション**）に分類できる．情報システムの役割は，ユーザの要求（ニーズ）に対応するためこれらの基本的な処理を組み合わせて情報の伝達，処理を行い，ユーザに処理結果を返す．通常，情報システムはネットワーク上に構成されている場合が多く，ネットワークを介して基本的な処理が行われる（**図2.8**）．ネットワークを入れて7大機能ともいう．ユーザからの処理要求は，情報の発生となり，必要に応じて情報システム内の基本機能へ情報の伝達が行われ，処理される．システム設計や構築にあたっては，システムの目的を明らかにして，最も適した基本的な処理を選択する．

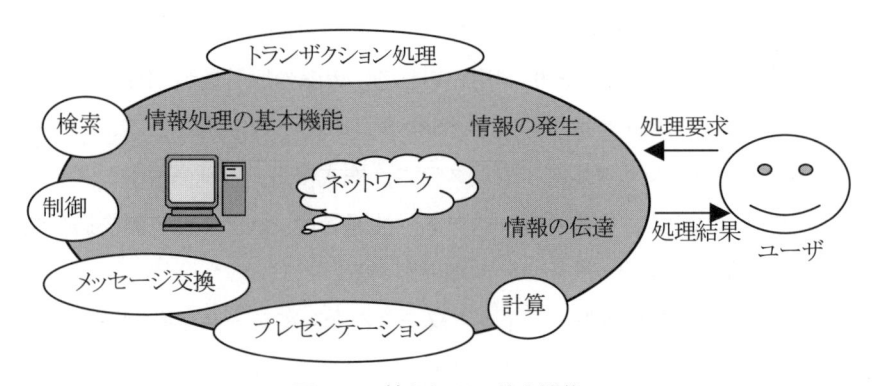

図2.8 情報処理の基本機能

(1) **計算機能** 四則演算（加減乗除算）を基本とする計算処理を行う．財務分析（financial analysis），会計情報の計算，科学技術計算，給料計算，売上げ集計などがある．ベクトル演算の高速化機能が必要な場合は，スーパコンピュータ，浮動小数点プロセッサなどを構成要素に組み込み情報処理機能の強化を図る．

(2) **検索機能** 大量のデータやデータベースの中から目的とする情報を取り出し，ユーザに提供する．図書館情報の検索，電話番号検索，熟語検索，グルメ検索，インターネットの情報検索など多種多様な範囲がある．

(3) **制御機能**　与えられた情報の手順に従い連続した動作（処理）をつかさどる。ロボット制御，自動配送システム，自動生産システム，自動設計システム，車や飛行機，船舶などの自動走行装置，自動改札システム，航空管制システムなどがある。通常，これらの機能は，専用の制御用コンピュータや専用の組込みシステム，汎用マイクロプロセッサを使用したシステム構築を行う。

(4) **トランザクション処理機能**　**トランザクション**（取引：transaction）とは，業務や処理の対象となる仕事や作業のことで，仕事に伴い発生するデータをトランザクションデータという。トランザクション処理機能は，情報処理要求の発生時点で情報の登録，更新処理を行う。トランザクション処理をオンラインで行うことを **OLTP**（オンライントランザクション処理：online transaction processing）といい，端末から発生するトランザクション（処理要求）を一定時間内に処理する必要がある。性能指標として，1秒間当りのトランザクション量 TPS（transaction per second）が用いられる。実際の取引量が TPS 性能制限を越えるとシステム停止や取引停止などシステムパニック状態となる。

　銀行のオンラインリアルタイムシステム，株式相場，各種商取引システム，売上げ集計システム，在庫管理システム，流通管理システム，道路交通管制システム，列車や航空機予約システムなどがある。

(5) **メッセージ交換機能**　ネットワークを介してデータ交換，共有を行う。電子メール，ファイル転送，共有フォルダ，ファイルダウンロード，グループウェアなど多くがある。

(6) **プレゼンテーション機能**　**プレゼンテーション**（presentation）とは，説得を目的としたコミュニケーションのことで，相手の考え方や行動を変える効果的な試みを目的として絵や画像，音声などのマルチメディア情報を用いてわかりやすくて効果的な表現を行う。都市計画シミュレーションの概観図，建築 CAD，ナビゲーション，学界発表，商店のチラシ，ホームページなどがある。

2.3 情報システムの処理形態

情報システムではコンピュータシステムを利用して情報処理を行う。システムアーキテクチャ開発は情報通信技術を基本としてコンピュータシステムとネットワークシステムの役割分担を図りつつ行う。処理の形態は以下のようになる。

1) ネットワークシステムへの接続形態や**データ伝送**の方式によりオフライン処理とオンライン処理に，
2) 一括して処理する方法か即時処理する形態かの違いにより，バッチ処理とリアルタイム処理，対話型処理に，
3) 処理するコンピュータの構成が単一か複数かで集中処理と分散処理に分類される。

2.3.1 オフライン処理とオンライン処理
〔1〕 **オフラインとオンライン**

(1) **接続形態の違い**　情報システムとのデータ伝送方法により分類する。データの入出力とコンピュータ処理が人手を介して間接的に行われる接続形態を**オフライン**（offline），データ入出力装置や端末が配線ケーブルや有線無線の通信回線を介してコンピュータと直接接続され，端末からの入力データを直接処理して，実行結果を端末で直接確認できる接続形態を**オンライン**（online）という（図2.9）。

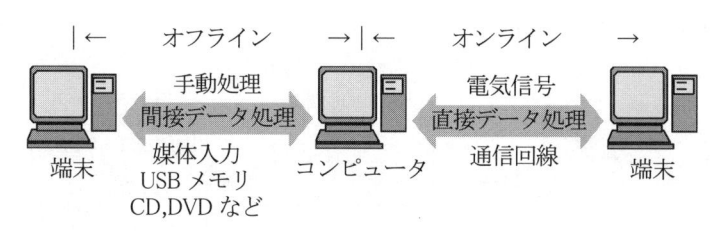

図2.9　オフラインとオンラインの形態

(2) **処理形態の違い**　通信回線を介してネットワークやインターネットに接続されていない**オフラインシステム**（offline system）では，データをUSBメモリやCDなどの媒体経由，あるいは電子メールの添付ファイルで送付して手動で入力，処理する。

オンラインシステムでは，通信回線を介して接続されている状態で，データは通信回線を経由して直接入力，処理され，結果も端末に直接出力される。

オンライン処理の代表的な例として，ネットワークを使い業務(トランザクション)の発生時点で処理する方式にオンライントランザクション処理がある。

(3) **スタンドアロン形態**　コンピュータを他のパソコンやネットワークと接続しないで単体で利用する接続形態や，ソフトウェアを他のプログラムとデータの共用や連係しないで単体（単一のプログラム）で使用する形態を**スタンドアロン**（stand alone）という。

〔2〕**オンラインシステムの処理形態**

(1) **会話型処理**(conversational processing)　センターの**データベース**（DB）と会話しながら処理を行う（図2.10）。

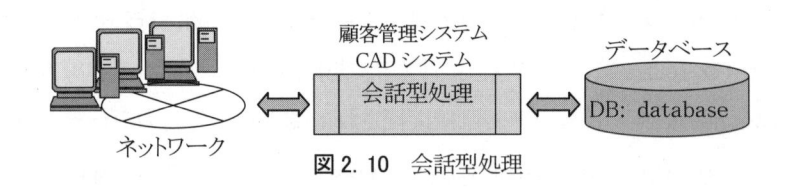

図2.10　会話型処理

(2) **データ収集**(data gathering system)　端末からのデータをまとめてバッチ処理を行う（図2.11）。

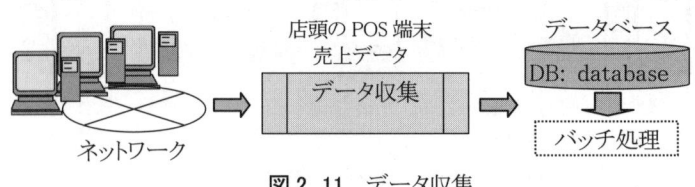

図2.11　データ収集

(3) **問合せ応答**(inquiry response system)　端末から必要な情報を問い合わせる。マスタファイルの更新（update）は，バッチ処理で行う（**図 2.12**）。

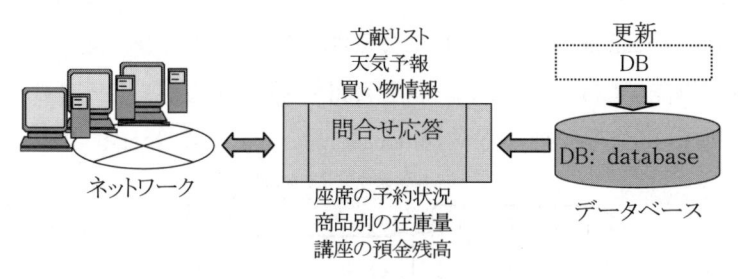

図 2.12　問合せ応答

(4) **データ分配**(data dispatching system)　集めた情報を端末に送り掲示（表示）する（**図 2.13**）。

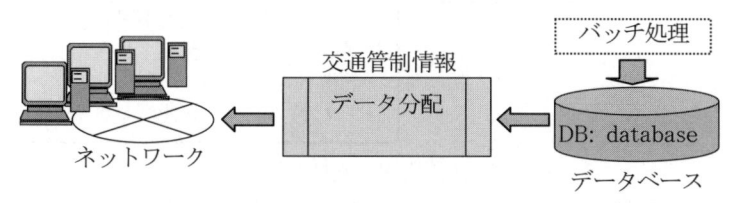

図 2.13　データ分配

(5) **メッセージ交換**(message switching system)　コンピュータを介して情報の交換を行う（**図 2.14**）。

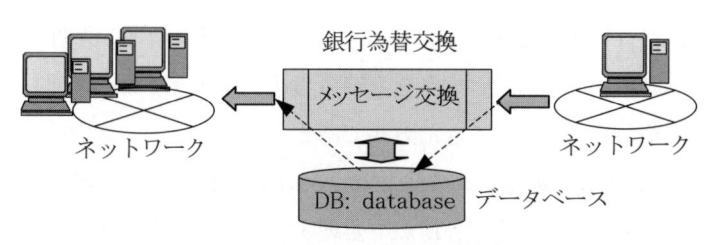

図 2.14　メッセージ交換

2.3.2 バッチ処理とリアルタイム処理

処理能力の高いコンピュータシステムを複数の人で共同利用する処理形態では，利用形態から**バッチ処理**（一括処理：batch processing）と**リアルタイム処理**（即時処理：realtime processing）に分類される。オンライン処理とリアルタイム処理の組合せでは，コンピュータと人間が対話をしながらデータ処理を行う対話型処理（会話型処理：conversational processing）が行われる（**図2.15**）。

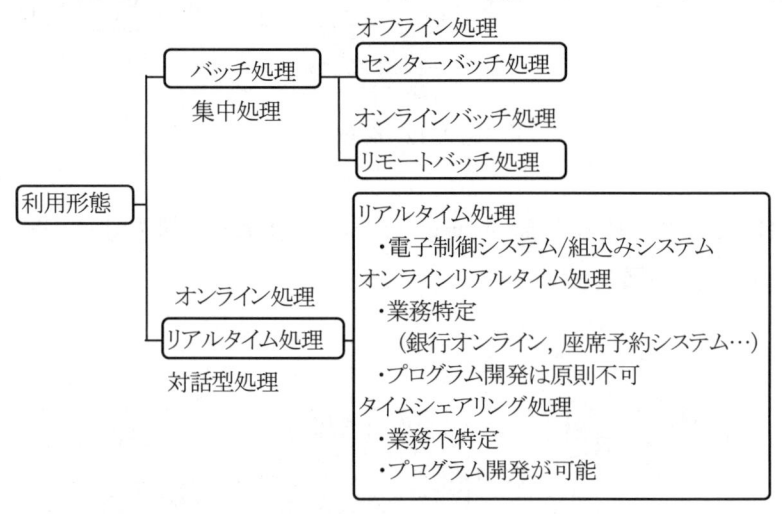

```
                          オフライン処理
              ┌バッチ処理─┤センターバッチ処理
              │  集中処理
              │          オンラインバッチ処理
              │          ┤リモートバッチ処理
利用形態─────┤
              │          ┌リアルタイム処理
              │          │ ・電子制御システム/組込みシステム
              │ オンライン処理
              └リアルタイム処理
                対話型処理 オンラインリアルタイム処理
                          ・業務特定
                            （銀行オンライン，座席予約システム…）
                          ・プログラム開発は原則不可
                          タイムシェアリング処理
                          ・業務不特定
                          ・プログラム開発が可能
```

図2.15 利用形態から見た分類

(1) バッチ処理 あらかじめ準備された処理手順を用いて，蓄積されたデータの一括処理を行う処理方式で，夜間などコンピュータの負荷が低い期間に集中して複数の処理を連続して実行処理できるため，日単位，週単位，月単位，年単位など定期的業務の処理に適している。**スループット**(仕事量/一定時間)の向上が期待できる。

① **センターバッチ処理**(center batch processing)－オフライン処理－ 計算機センターにプログラムやデータを直接持ち込み，空き時間に処理してもらう方式で，古くから利用されてきた方式である。

② **ローカルバッチ処理**(local batch processing)－オフライン処理－ 支店や営業所ごとにデータを集めて各拠点で処理する。一括集中のセンターバッチ処理に比べて処理時間やバックアップ処理時間の短縮が図れる。

③ **リモートバッチ処理**(remote batch processing)－オンライン処理－　ネットワーク端末から通信回線を利用してプログラムやデータを送り，空き時間にバッチ処理してもらう方式で，ジョブコントロールストリーム(job control stream)の投入でバッチ処理が行われ，処理結果は端末に出力される（**図2.16**）。

　好きな時間に利用できない，即時処理ができない，ユーザが仕事を依頼してから結果を受け取るまでコンピュータと対話する機会がまったくないなどの欠点があり，パソコンの普及もあり，現在はあまり利用されていない。

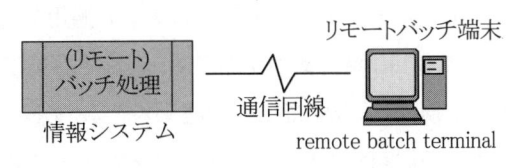

図2.16　リモートバッチ処理

(2)　**対話型処理**　ユーザがコンピュータと対話（会話ともいう）しながらプログラムの選択，データの入出力処理操作を人間の判断に従い，その都度行う処理で，パソコン画面のアイコン（icon）操作，ワープロ操作，表計算操作などが典型的な例である。

(3)　**リアルタイム処理**　情報システムへの処理要求(**事象**：イベント)に対して迅速処理を行い，即時で応答処理を行う方式で，通常は通信回線を介して接続された端末からデータを入力して，処理結果を実時間で受け取る。マイクロプロセッサを活用した組込みシステムやリアルタイム制御システム（real time control system），プロセス制御システム（process control sysytem）では，センサでの事象の発生から**応答時間**（**レスポンスタイム**）までの時間がミリ秒（ms）からマイクロ秒（μs）と厳しく，応答時間の短縮が課題となる。通常は，**イベントドリブン**(イベント駆動)型の専用 OS（ROS：real time operating system）などで対応する。電子制御システム例として，電気炊飯器の温度制御，自動車の燃料制御，大規模プラント制御，航空管制システム，道路交通管制システムなどがある。

(4) **オンラインリアルタイム処理**　ネットワークを使い定型業務(トランザクション)の発生時点でデータ処理する方式でリアルタイム処理をオンラインで行うことから**オンラインリアルタイム処理**(online real time processing)という。プログラム開発は原則不可でレスポンスタイム（応答時間）と**ターンアラウンドタイム**の短縮が要求される。

オンラインリアルタイム処理システムの適用分野は，銀行/証券会社などの受け払い業務，列車/飛行機の座席予約，切符発券業務，ホテル，劇場などの部屋，座席予約業務，工場の生産工程管理システム，文献の検索システムなどがある。

欠点は，通信回線の故障により，大パニックとなる可能性があることで，システムの高信頼性が要求される。

(5) **時間分割処理**　遠隔地からコンピュータを共同利用する方式でコンピュータの使用時間を複数の利用者に分けて，連続的に処理を行い，見かけ上は同時進行的に処理する方式で**タイムシェアリング処理**(time sharing processing)ともいう。各端末に使用時間を割り当てることを時間分割(**タイムスライス**：time slice)という。通常は，1台のコンピュータにネットワークを介して複数の端末を接続して会話型で同時使用を可能とする処理形態である。各端末で実行される一塊の仕事（**ジョブ**：job）は，**セッション**(session)と呼ばれ，セッションを確立したユーザは，コンピュータを占有した感覚で使用できる。

タイムシェアリングシステム（TSS:time sharing system）の適用分野は，業務不特定でプログラム開発業務や技術計算を必要とする大学，研究所で多用されている。TSS性能は，応答時間(response time)の向上が要求される（**図 2.17**）。

		time slice	t1	t2	t3	t4	t5	→時間
端末A	ジョブA	実行				実行		
端末B	ジョブB			実行			実行	
端末C	ジョブC				実行			実行

図 2.17　時間分割処理におけるジョブの実行

2.3.3 分散処理

集中処理（integrated data processing or centralized processing）は，汎用コンピュータ，スーパコンピュータ（super computer）など処理能力の高いコンピュータを情報センターに設置して，業務処理を集中して処理する方式である。効率が良く，情報の機密性に優れている反面，システムが巨大化してユーザの要求，仕様変更の柔軟性に欠けるなどの問題点がある。

分散処理（distributed processing）は，ワークステーションやパソコンなど複数のコンピュータを相互接続して処理を分散させる方式である。通常は，複数のコンピュータをネットワーク環境で接続して機能やデータを共有する処理方式をいう。比較的小型のコンピュータ構成で，機能，負荷，危険性の分散が図れ，処理性能の向上，信頼性の向上が可能となる。仕様変更にも柔軟に対応可能であるが，バージョンアップやメインテナンス，情報管理などのシステム運用管理が容易ではない。ネットワーク環境での代表的なものはクライアントサーバシステム，ピアツーピアシステム，オンライントランザクション処理，分散型データベース，グループウェア，電子メール，電子会議などがある。

処理装置やコンピュータを複数結合して，同一時刻に複数のジョブやデータ処理を同時に実行可能な処理方式を**並列処理**（parallel processing）という。

〔1〕 垂直分散処理　**垂直分散処理**（vertical distributed processing）はコンピュータを階層構築し，業務内容に応じて処理を分散させる方式で機能の分散，負荷の分散を図る。本店，支店，営業所など部署ごとにコンピュータを設置すると組織の垂直構成に合わせてコンピュータを垂直に構成することになる（図2.18）。代表的な処理にオンライントランザクション処理がある。

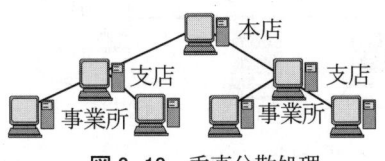

図 2.18　垂直分散処理　　　　図 2.19　水平分散処理

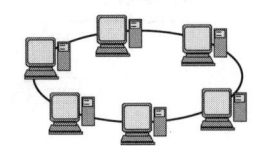

〔2〕 **オンライントランザクション処理**　垂直分散処理の代表的な処理形態で銀行システムや基幹産業に利用され，システムの構築にあたって高性能化，高信頼性機能が求められる。高性能化には，蓄積されたデータの一括処理を行うため，スループット(仕事量/一定時間)の向上が必要で，機能分散，負荷分散により対応する。高信頼性には，①処理の途中で障害が発生してシステムダウンとなることを避ける，②障害からの迅速な回復機能，が必要であり，危険分散で対応する。これらの機能の達成には，コストアップが伴うため，安全性と経済性のトレードオフを考慮する必要がある。

〔3〕 **水平分散処理**　水平分散処理 (horizontal distributed processing) ではコンピュータどうしを対等な関係に接続，構築したコンピュータネットワーク方式で各コンピュータが得意とする業務を処理する (図 2.19)。代表的なシステムにクライアントサーバシステム(client server system)，ピアツーピアがある。

〔4〕 **クライアントサーバシステム**　仕事は，仕事を受ける依頼者（クライアント：client）と仕事を実施する提供者（サーバ：server）から構成される。クライアント動作とサーバ動作を独立させ，各々専用のプログラムやコンピュータで処理する方式をクライアントサーバという。サーバは，複数のクライアントからの仕事を受けることができる。例えば，プリントサーバは，複数のコンピュータで共有できる。クライアントとサーバは同一のコンピュータ内での存在が可能であるが，ネットワーク環境では，独立させる構成が一般的である（図2.20)。

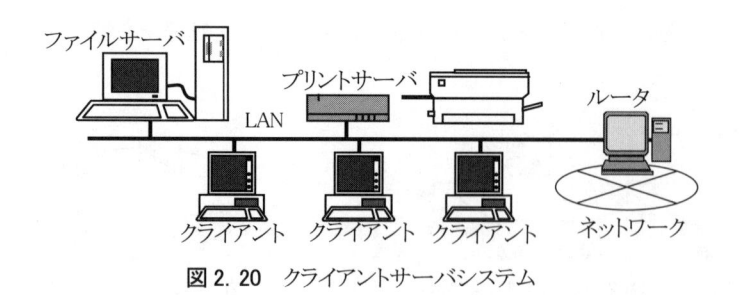

図 2.20　クライアントサーバシステム

〔5〕 **ピアツーピアシステム**　クライアントサーバでは，クライアントとサーバの役割分担がはっきりとしていたが，**ピアツーピア**（peer to peer）**システム**は，複数のシステムがまったく上下関係のない処理方式で，必要に応じてクライアントやサーバになったりする。例えば，共有フォルダを持つシステムが通常クライアントで利用されていても，他のシステムから共有フォルダの更新を行うことができる。更新を要求するシステムがクライアントで，共有フォルダを持つシステムがサーバとなる。

パソコンには，サーバを使用しない処理形態で**ピアツーピア型 PC-LAN** がある。2 台のコンピュータを USB ケーブルで直接接続する形態や小規模 LAN として構成する。セキュリティ対策が弱いが，簡単な設定で構築できる。

〔6〕 **RAID**　RAID（redundant arrays of inexpensive disk）はファイルやデータベースの高速アクセスや信頼性向上を目的に複数の**ハードディスク**（HDD）にデータを分散処理する方式で，RAID0 から RAID5 に分類できる。専用のハードウェア制御で行うタイプと OS で設定できるタイプがある。

RAID0 は**ストライピング方式**で複数の HDD にデータを分散させて同時に書き込む方式で，アクセス速度は高速になるが，複数 HDD を 1 つのボリュームとみなすため，1 台の HDD が故障するとデータが失われ，信頼性が著しく低下する。RAID1 は，**ミラーリング方式**で，同じデータをつねに 2 台の HDD に書き込む方式のため，1 台の HDD が壊れても，一方の HDD からの復旧が可能で，信頼性が向上する（**図 2.21**）。RAID0+1 は，ストライピングとミラーリングを行う方式で，最低 4 台の HDD が必要である。

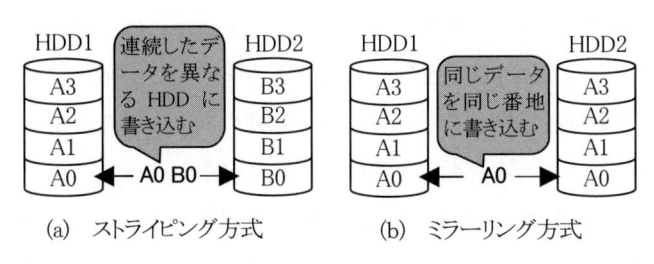

図 2.21 RAID

〔7〕 **分散データベース**　　データを単純に分散させて共有するシステムとは異なり，複数のサーバにデータベースを分散して配置して，分散されたネットワーク上のデータベースを結合して全体として1つのデータベースとして働く構成をいう。**分散データベース**の構成法には，ストライピング方式とミラーリング方式がある（図2.22）。ストライピング方式は，分割したデータを，サーバに配置する方法で負荷分散，高性能化が期待できるが，サーバの障害でデータの保全性が損なわれる可能性があるので，対策が必要である。ミラーリング方式は，同じデータを分散させる方式で，危険分散と負荷分散で，同期/排他制御などの対策が必要である。

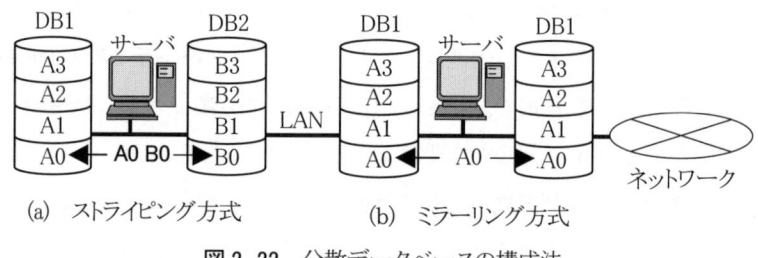

図 2.22　分散データベースの構成法

DNS（domain name server）は，TCP/IP ネットワークでドメイン名をIPアドレスに変換するインターネットを使った階層的な分散データベースシステムである。DNS サーバは，ホスト名とIPアドレスの対応表を持ち，ホスト名からIPアドレスへの変換を行う。ユーザは，数値の羅列であるIPアドレスを使わずにわかりやすい文字形式のドメイン名でインターネットアクセスができる。

〔8〕 **グループウェア**　　グループウェア（groupware）は，ネットワーク環境でのグループでの共同作業を支援するソフトウェアで，分散オフィス環境を構築する。仕事を分散処理することにより生産性の向上を図る。電子メールや電子掲示版，スケジュール管理，文書管理，電子会議システム，電子認証，電子決済など，従来，職場に出勤して，あるいは電話や文書で行っていた業務の流れ（ワークフロー）を支援して，いつでもどこでも業務の推進を可能とする。

2.3.4 コンピュータネットワークシステムの変遷

情報システムは，バッチ処理システムから始まり，情報通信ネットワークの発展に伴い，通信回線を利用したリモートバッチ処理システムから集中処理システム，分散処理システム，ネットワークシステムへと変化していった（図2.23）。

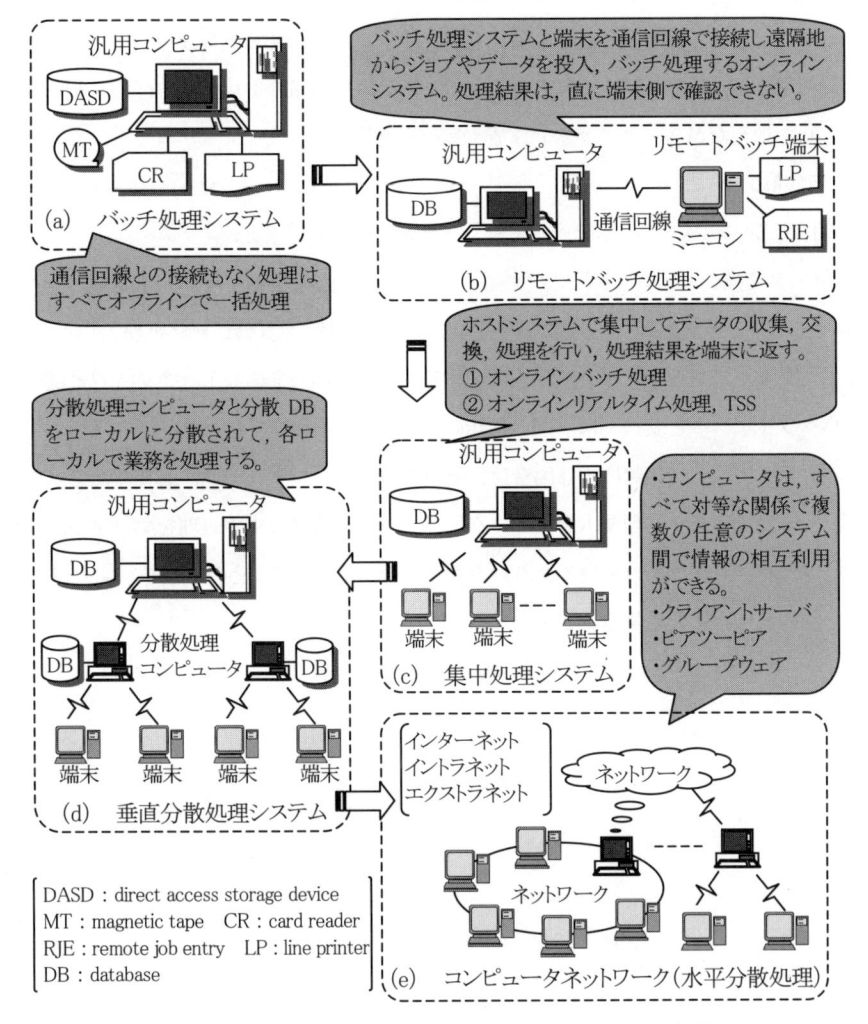

図 2.23 コンピュータネットワークシステムの変遷

演習問題

[2.1] 次の条件を満たすシステムの処理形態として，最も適切なものを解答群の中から選べ．

① 各端末にデータを送る　② 端末から送られてきたデータを他の端末に送る

③ 端末からの照会に答える　④ 各端末から送られてきたデータを蓄積する

⑤ あらかじめ遠隔地から送られ蓄えられたデータをまとめて処理する

⑥ 利用者が，ディスプレイ端末を使ってシステムと情報のやりとりを行い，人間の判断を加えながらプログラムの作成や実行を進める

＜解答群＞

a 問合せシステム　　　b データ分配システム　　c データ収集システム

d データ交換システム　e リアルタイム処理　　f 対話型処理　　g バッチ処理

h リモートバッチ処理　i 分散処理　j オフライン処理　k 自動ジョブ処理

[2.2] クライアントサーバシステムに関する次の記述のうち，正しいものを2つ選べ．

① クライアントとサーバは，同一種類の OS を使用しなくともよい．

② クライアントを複数にする場合は，それぞれ別のコンピュータが必要である．

③ サーバはデータ処理要求を出し，クライアントはその要求の処理を実行する．

④ サーバプログラムは必要であればクライアントとなって，その処理の一部をさらに別のサーバに要求することもある．

⑤ サーバ用のコンピュータは1台に限られる．

第3章 システム開発手法

《本章の内容》
3.1 システムアーキテクチャ設計の流れ
3.2 システム開発の流れ
3.3 プログラミング方式
3.4 システム開発の自動化
演習問題

本章では，システムの開発手法と設計の自動化について述べる。また VLSI 設計は，ソフトウェア技術とハードウェア技術を踏まえたトータルなシステム設計の一環としてとらえる必要があり，その設計技術についても述べる。

> キーワード:ライフサイクル, システム合成技術, プログラム設計
>
> 3.1節では，システムのライフサイクルと開発手法について述べる。
>
> 3.2節では，システム開発の一般的な流れについて述べる。
>
> 3.3節では，プログラミング言語とプログラム設計，構造化プログラミング，オブジェクトプログラミングなどについて述べる。
>
> 3.4節では，自動設計手法，特に組込みシステムやVLSIシステム全体の設計自動化について述べる。

3.1 システムアーキテクチャ設計の流れ

3.1.1 システム設計手法

〔1〕 **システムのライフサイクル**　システムの開発は，一定の手順に従う。開発の開始から終了までの一連の流れ(開発工程)をシステムの**ライフサイクル**(life cycle) という。プロジェクト開発や業務の遂行形態は，一般的に，計画 (plan) ― 実行 (do) ― 評価 (check) のサイクルに従うが，ライルサイクルも，3つの開発工程，PLAN（計画）― DO（設計）― CHECK（評価）に分類できる。一般的な基本計画から運用・保守までの開発工程を**図 3.1**に示す。

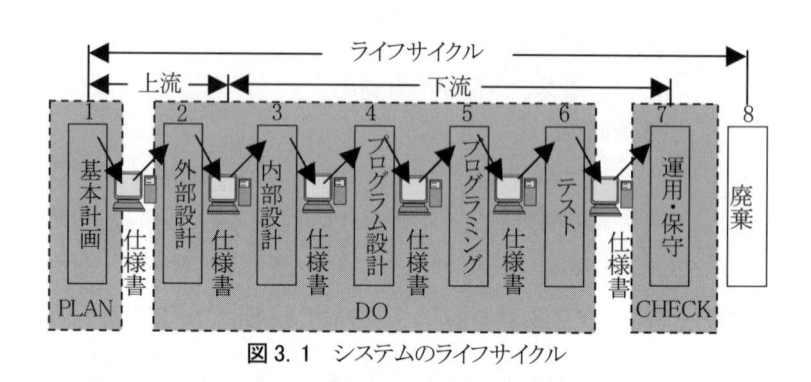

図 3.1　システムのライフサイクル

〔2〕 **文書化**　プロジェクトを開始する前に，システム全体の文書作成基準を設定する。その規定に則って各開発工程の出力結果（output）を仕様書として残す。文書化（documentation）は，各工程との整合性検証，デバッグ(虫とり)作業，運用・保守時の評価に役立てることを目的とする。仕様書には，仕様項目のレビュー結果や後工程への連絡，引継ぎ事項などすべての内容を含む。

　設計工程で作成した仕様書やプログラムは，レビュー作業を行う。前の工程でのエラーは後ろに行けば行くほどデバッグに時間がかかる。特に，基本計画仕様書は，だれが読んでもわかる記述法や用語の統一を図り，曖昧さを残さない。計画ミスは以後の設計作業，プログラム設計すべてが無駄になる。

〔3〕**開発手法**　開発工程で基本計画に近い工程を設計の上流，テストに近い工程を設計の下流という．開発手法とは，開発の考え方のことで，ライフサイクルの設計法である．具体的には，開発工程 PLAN，DO，CHECK の順番を設定することや上流工程，下流工程の進め方のことで，設計手法あるいはモデルという．

(1)　**ウォータフォールモデル**　開発工程を上流から下流に滝の水が流れる（waterfall）ように後戻りしないで，前工程が終了した後，次の工程にステップバイステップに進める手法を**ウォータフォールモデル**（waterfall model）という（図3.2）．小規模システム開発では，有効で一般的に用いられる手法であるが，大規模システム開発では，システム開発の最終段階にならないとシステムの全貌がつかめない，開発工程の途中から後戻りできない，やり直しがきかないため利用者要求を満たすことが困難，開発人月，開発コストが増大などの欠点がある．

図 3.2　ウォータフォールモデル　　図 3.3　プロトタイプモデル

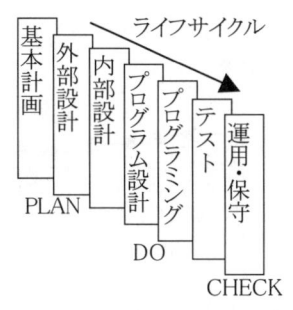

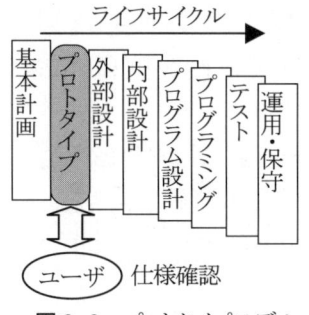

(2)　**プロトタイプモデル**　ユーザの要求仕様を早い開発工程の段階で，試作する手法で，**プロトタイプモデル**（proto-type model）という．プロトタイプモデルによるシステム開発を**プロトタイピング**（proto-typing）という．システムの最終イメージに近い形をあらかじめユーザに示すことができるため，開発側とユーザとの仕様や使い勝手，ヒューマンインタフェースなどのズレを少なくすることができる(図 3.3)．

(3) **スパイラルモデル**　ウォータフォールモデルとプロトタイプモデル両方の手法を取り入れた手法が**スパイラルモデル**（spiral model）である。工程ごとや PLAN, DO, CHECK, 上流，下流工程など部分ごとにユーザ確認を繰り返し，必要に応じて部分ごとのプロトタイピングも行う。通常は，システムをサブシステムに分け，サブシステムごとにユーザからのフィードバックと改良を繰り返す(**図 3. 4**)。

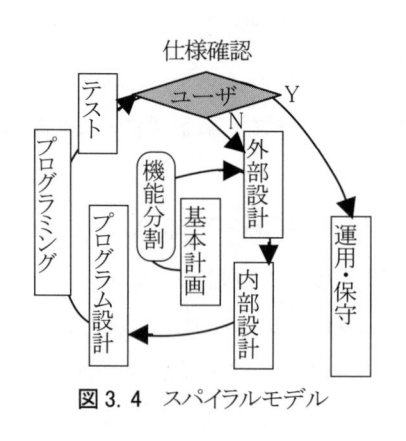

図 3. 4　スパイラルモデル

(4) **ボトムアップ設計手法とトップダウン設計手法**　ユーザからの要求仕様やシステム仕様が確定する前に，プログラムやサブシステム，モジュールなどのシステム構成要素を開発し，その結果を積み上げて要求仕様を提示，確定していく手法を**ボトムアップ設計手法**という（**図 3. 5**）。例えば，前工程のプログラム設計仕様ができる前に，後工程のモジュール開発を先に行い，その結果を積み上げていく。下流の工程の結果が上流に影響する。

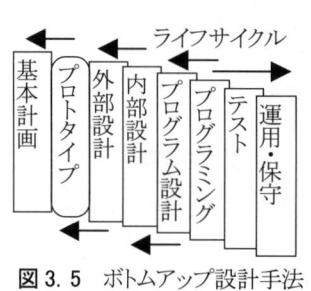

図 3. 5　ボトムアップ設計手法 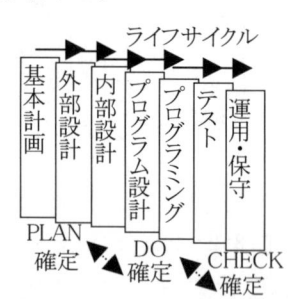　　**図 3. 6　トップダウン設計手法**

トップダウン設計手法は，まず仕様の設定，モジュール分割仕様を先に確定した後，それに従い，モジュール内を設計していく手法である（**図 3. 6**）。後工程からの後戻りを少なくすることが目的である。各工程からの後戻りやプロトタイピングは可能であり，スパイラルモデルに似ている。違いは，基本計画以降は，ユーザとの仕様を確認しないことである。

3.1.2 システムアーキテクチャ開発

〔1〕 システム開発形態の変貌　システム開発(system development)とは，目的とする機能の実現のためコンピュータを利用したシステムを総合的に組み立てていく（**構築**する）ことである．ところが，近年，インターネットの普及により，エンドユーザ自身がシステム開発を行う環境が増加している．システム開発形態は，2つに分類できる．

(1) 専門家集団によるシステム開発　一般的な情報システム部門でのシステム開発は，構成要素に既存のコンピュータシステムやパッケージソフトを利用したアプリケーション開発が主体であるため，ソフトウェア設計を指すことが多い．顧客のニーズや実現したいことを要求仕様としてまとめシステム製品として顧客に提供することである．

システム製品を提供するメーカの開発部門も市場ニーズ（エンドユーザ）に合った低価格，高品質の製品とその開発サイクルの短縮が求められている．地域にまたがる大規模システム開発では，サブシステムや構成要素間のインタフェースのズレが重大障害をまねく原因となり，社会問題化する可能性もある．

この形態のシステム開発では，システム設計に入る前段階である基本計画，あるいは企画段階での実現性検討がシステム製品に重要な影響を与えている．

(2) EUC のためのシステム開発　パソコンやインターネットを活用したシステム開発では，ユーザ（**EUC**）が機器やパッケージソフトなどの構成要素を既存の技術の組合せで再構築して新たなモデルを開発できる．従来専門家の範疇であった，インターネットビジネスモデルの構築にも，ユーザ自身が市場要求分析を行い，その結果を反映させ自力でシステム開発行い，ユニークなシステムをインターネットに提供することも可能である．他の分野，例えば，情報家電やホビーロボット分野でも，与えられた部品を組み立て，その動作プログラムをユーザが作成するなど一般ユーザレベルでも，システム企画や構成，振る舞いを検討する状況にある．この検討する思考過程と実現はシステムアーキテクチャ開発といえる．システムアーキテクチャ開発とは，システマチックに思考過程を可視化する作業である．

〔2〕 システムアーキテクチャ開発　　ハードウェアシステムやソフトウェアシステムの開発やサブシステム構築以前のシステム企画や計画段階の開発工程である市場動向調査から方式設計までをシステムアーキテクチャ開発と呼ぶ（図3.7）。

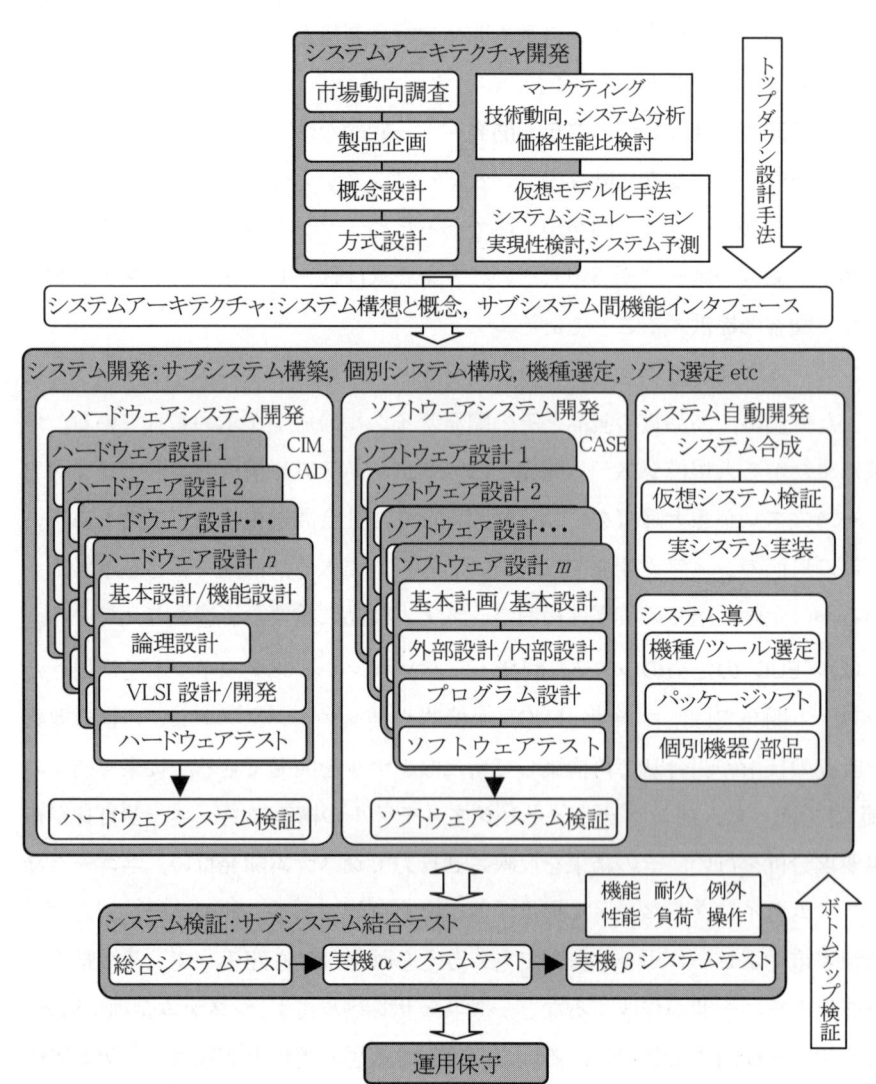

図 3.7　システムアーキテクチャ開発からシステム開発の流れ

システムアーキテクチャは，市場動向調査やユーザ要求分析によるシステム企画を提案して，システム構想と概念を設計する。それらに基づく実現性方式の検討を踏まえて，システム全体モデル構成やサブシステム間の役割分担とコミュニケーションインタフェース，システム全体の情報の流れなどを定義したものである。「システムのあるべき姿を最初に明らかにする」必要があることから，一般的には，トップダウン設計手法が最適である。

(1) **サブシステム開発**　サブシステム開発は，次の3つの開発形態がある。
① システム開発：サブシステムを構成するハードウェア，ソフトウェア開発
② システム自動開発：設計の自動化ツール，システム合成ツールによる開発
③ システムの導入：既存のコンピュータシステムによる構築，改良

一般的には，情報処理部門は，①のソフトウェア開発と③の組合せ，EUCのためのシステム開発部門では，パッケージソフトを利用した①が主である。

サブシステムテストは，各構成要素または，構成要素で構成するサブシステムごとに行う。システムテストが完了してユーザがシステムを受け入れることを**検収**（acceptance）という。各サブシステムの個別検収が終わると，次のシステム検証に移る。サブシステムの開発手法は，設計はトップダウン設計手法をテストは，ボトムアップ手法を適用する。

(2) **システム検証**　システムテスト（system test）は，開発システムがシステム全体の目的，機能を実現しているかを検証する。**総合システムテスト**（integrated test）ともいう。システムテストの主なテスト項目は，性能テスト，機能テスト，耐久性，過負荷テスト，耐例外，耐障害テスト，操作性テストなどである。複数のサブシステムから構成される大規模システムでは，すべてのサブシステムを個別に結合して行う積み上げ方式で，ボトムアップ検証が適している。

メーカの製品の場合，出荷前にユーザ評価によるバグ（虫）出しを行うシステムが用いられ，社内での開発者以外の事前テストを**αテスト**，特定外部ユーザに期間を限定した使用で評価を求めることをβ出荷（**βテスト**）という。

(3) **市場動向調査**　システムに必要なユーザ要件の調査方法には，アンケート (enquete)，資料，インターネット，インタビュー，**ブレーンストーミング** (brain storming) などがある。収集したデータの整理，分析法には，収集データのキーワードでカードを作成し，関連性の高いカードをグルーピングすることにより，情報の構造を明らかにする **KJ 法**，**デシジョンテーブル**などがある。

(4) **システム分析**　システムアーキテクチャレベルで，システム開発の前に現行システムの情報処理の実態を知ることを目的に行う調査を**システム分析**（system analysis），または現状分析（the status quo analysis）という。課題を明らかにして整理する方法には，現状の問題点を把握し，解決方法を整理する**問題点指向型**と本来のあるべき姿を追求してその姿に近づけることを目的とする**目的指向型**がある。業務の改良の場合は，問題点指向型，新システム開発の場合は，目的指向型が適している。

(5) **システム予測トップダウン設計手法**　システムアーキテクチャ開発は，「システムのあるべき姿を最初に明らかにする」必要がある。システムのあるべき姿とは，開発が完了して，運用段階に入るシステム製品そのものである。しかし，最終製品が明らかでない状態では，開発期間や開発費の見積もりがはっきり見えてこないなどの不安定要素が多い。また，プロトタイプモデルやシミュレーションモデルを**仮想モデル**（virtual model）といい，実システムに生かされない場合が多い。方式設計では，仮想モデル開発時点から事前に精度の高いシステムを予測して検証可能にする必要があり，ここでは，システム予測と検証を強化したトップダウン設計手法をシステム予測トップダウン設計手法という。システム予測トップダウン設計手法は，「システムのあるべき姿を事前に予測検証してシステム開発を自動化すること」である。このために必要なシステム予測技術は

① 仮想モデル化技術：システムのあるべき姿の予測機能モデルの開発
② システム合成技術：あるべき姿の機能モデルからのシステム機能の抽出合成

である。

(6) **システム合成（仮想システム開発）** VLSI 設計やマイクロプロセッサ開発では，システムができてから修正が困難で，障害が発見されてから設計をやり直すことのない開発方式が必要となる。また，部品化されたマクロソフトウェアを組み合わせることにより，アルゴリズムを入力するだけでシステム全体のソフト開発をコンピュータに設計させることも可能である。このように，アルゴリズムやフローチャート，機能設計データを与えることにより，プログラムやLSI素子を自動的に生成することを**システム合成** (system synthesis)，または仮想システム開発という。システム合成された実システムへ**実装** (implementation) する前に仮想システム検証を行う。

(7) **システム構成図** システムアーキテクチャを表現する方法は，フローチャートやブロック図を使う。ブロックには，動作を中心とした機能ブロック図と情報の流れを中心とした **DFD**（data flow diagram）などがある。

3.1.3 システム開発の最適化

(1) **導入と開発のトレードオフ** ソフトウェア開発は，開発コストがかかるが，欲しい機能を得て，性能は向上する。パッケージソフトは，価格は安いが機能面で不満が残る。導入か開発かを決めるには，コストパフォーマンス（性能価格比）で判断する。

(2) **ハードウェアとソフトウェアのトレードオフ** システム機能は，ハードウェアとソフトウェアどちらか最適な方法で実現する。ハードウェアで実現すると，性能は向上するが，コスト面，拡張性で問題が発生することをあらかじめ想定しなければならない。一方，ソフトウェアで実現すると拡張性，柔軟性には優れるが，性能面への影響を考慮する必要がある。機能を実現するハードウェアとソフトウェアの割合を決めることをハードウェアとソフトウェアのトレードオフという。この判定基準を次に示す。

・性能重視・・・ハードウェア指向
・価格，開発期間重視・・・ソフトウェア指向

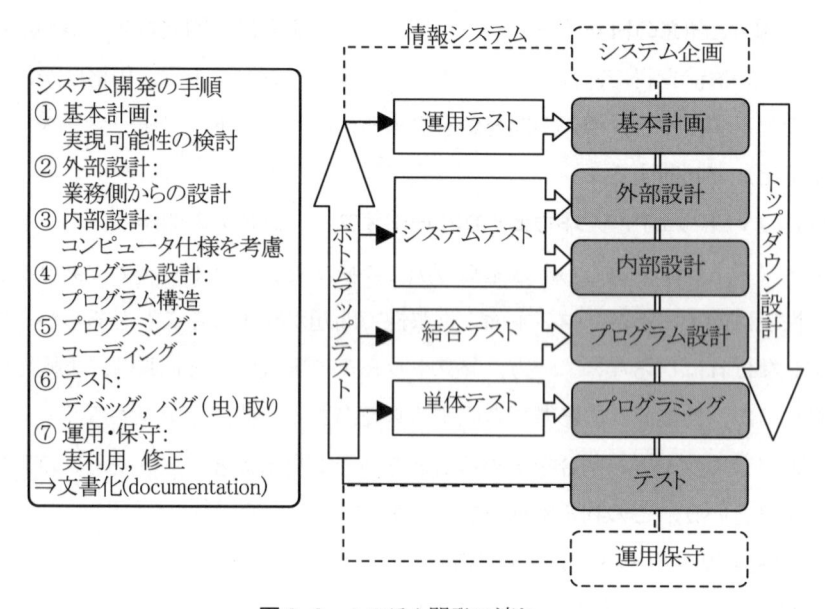

3.2 システム開発の流れ

〔1〕 **システム開発の範囲**　一般的には，情報処理システムで動かす応用ソフトウェアを開発することである。システム開発の必要性，市場動向調査などシステム開発で得られる最終目標となる情報システムのイメージ作りを行うことを**システム企画**という。ここでは，システム企画はシステムアーキテクチャ開発の範疇とし，基本計画からテストまでをシステム開発の範囲とする。構築した情報システムを保守（メインテナンス）をしながら実際に動かしていくことを**システムの運用・保守**と呼び，**システム運用**，**システム保守**と分けることもある。情報システムは，情報処理システムと人間，組織の仕組みで構成されているので，システム開発とは，現状のシステムを分析して目標とする新しい情報システムへのハードウェアやソフトウェアに対する要件をまとめて具体的な開発スケジュールを立案，遂行していくことでもある（図3.8）。

図3.8　システム開発の流れ

一般的に情報システムは，コンピュータシステムと応用ソフトウェアで構成されていて，コンピュータシステムは，汎用（市販）のシステムを用いることが多く，システム開発では，主として必要な応用ソフトウェアを開発していくことになる。

〔2〕 **システム開発の手順**　システム開発では，ソフトウェア開発やプログラム設計に入るまでの過程が重要である。情報処理システムで，ある目的を持った機能の実現を図る場合，実現する機能の仕様がはっきりと定義される必要がある。間違った情報により，プログラム作成を行っても，情報処理システムの目的に合っていなければ，システム開発そのものが無駄になってしまう。システム開発で大切なことは，「要求仕様を明確にして書き物（document）で残す」ことである。

(1) **システム企画**　システム開発の妥当性の検討を行う。開発製品や機能に対する市場動向調査，現状システムの問題点と解決策，適用分野，価格調査，コンセプト作り，システム予算概要見積もりなどシステム開発を行うかどうかの判断に必要な，システム企画書（提案書）作りを行い，顧客に提案する。システムアーキテクチャの範囲である。

(2) **基本計画**　基本計画では，システム企画書で提案されたシステムの実現性の検討を行う。システム企画書の示された問題点，解決策をより具体化した基本計画書を作成する。基本計画書は，システム開発の背景と必要性，開発スケジュール，人員，ハードウェアやソフトウェアに対する要求をまとめたシステム機能仕様などの項目を盛り込む。システム機能仕様は，外部設計への要求仕様となる。

(3) **外部設計**　画面設計，ヒューマンインタフェース，システム構成，操作手順など要求仕様に基づいて，ユーザ（外部）から見たシステム設計を行う。機能設計ともいう。外部設計仕様書にまとめる。

(4) **内部設計** 開発側から見たシステム設計で，コンピュータの機能や構成，開発するプログラムの機能分割，機能モジュール間のインタフェース，ファイル設計などがあり，内部設計仕様書にまとめる。

(5) **プログラム設計** 内部設計仕様書に基づき，各機能モジュール単位にプログラムの内部構造や，モジュール間の動作確認を行うテストデータの作成などを行う。プログラム設計仕様書をまとめる。

(6) **プログラミング** プログラム設計仕様書に基づき，プログラムの作成を行う。プログラム作成に伴う一連の作業（コーディング，コンパイル，リンクなど）をプログラミングと呼び，プログラミングする人を**プログラマ** (programmer) と呼ぶ。

(7) **テスト** テストは，プログラム単体での動作確認とシステム全体での動作確認を行う。単体テスト，各モジュールを結合した結合テスト (joint test)，システム全体の動作確認を行うシステムテスト，客先の実機システムでの運用を確認する運用テストの順番で行う。テストの方式は，ボトムアップ方式で，**ホワイトボックス法** (white box test) と**ブラックボックス法** (black box test) がある。

ホワイトボックス法は，構造テスト法ともいい，プログラム構造と制御の流れに沿って，すべてのパスを網羅なくテストする。単体テスト段階で行う。テストデータ（テストケースという）の作成法には，命令網羅，複数条件網羅，判定条件網羅などがある。

ブラックボックス法は，プログラムの外部仕様(機能)に基づきテストケースを設定する。機能テスト法ともいう。テストデータは，デシジョンテーブルを用いる因果グラフ，テストデータで同じ意味ごとにクラス分けして，各クラスから代表値を選んで使う同値分割，入出力データを同値クラスに分割して，各クラスの境界値をテストデータとして選択する。

3.3 プログラミング方式

3.3.1 プログラミング言語の変遷

　最初のコンピュータは，プラグボードとスイッチによるプログラムであったが，プログラム言語と呼べるものではなく，今日のコンピュータの基になったフォンノイマン型プログラム内蔵式コンピュータから，プログラム言語が発展していくことになった。

　当初は，コンピュータを動かす言語は2進数のビットの羅列からなる機械語であった。機械語は1,0の命令をトグルスイッチから直接入力することが可能で，コンピュータ開発者にはわかりやすい言語であった。その後，科学技術計算用言語のFORTRAN，事務処理用言語COBOLが生まれ，汎用コンピュータやスーパコンピュータとともに，普及していった。

　一方，プログラミング言語と密接に関係してきたのが，OSである。汎用機のOSではハードウェアを直接制御する必要性から，アセンブラ言語やアセンブラマクロなどが使われていた。汎用機のOSとは,別な流れで開発されたUNIXでは，1967年にイギリスで開発されたBCPL言語や1970年のB言語を参考にBの次の意味で，アメリカのベル研究所で1971年に開発が始まったC言語が使われている。1973年には，それまでアセンブラ言語で書かれていたUNIXの約90%がC言語に書き直され，多くの機種に移植されることになった。

　C言語はUNIXの普及とともに広がり，1989年にANSI-C（米国国内規格協会 **ANCI**：American National Standards Institute）として標準化され，1990年に **ISO**（国際標準化機構 international organization for standardization）規格，1993年に **JIS** になっている。C言語は，汎用機，ワークステーション，パソコンなど多くの機種で使用されている。アセンブラ言語同様，国家試験の情報処理技術者試験の受験言語にもなっている。さらに，オブジェクト指向言語であるC++，Javaへと進化している。

　パソコンやインターネットの普及でマルチメディア処理やホームページ作成のための言語HTML，XML，JavaやJavaScriptなどが出現する。

3.3.2 プログラミング言語の分類と種類

プログラミング言語の分類は目的,分野により異なる。水準による分類では,ハードウェアに近い計算機向き言語を**低水準言語**(low level language),それ以外を**高水準言語**(high level language)という。使用目的による分類では,一般的な用途に利用される**汎用プログラム言語**(versatile programming language)とシミュレーションなど特定分野に限定される**特殊問題向き言語**(special purpose oriented language)がある。処理形態による分類では,処理の手続きを記述できる言語を**手続き型言語**(procedure oriented language),プログラム記述の命令とコンピュータの実行順序に深い関係がない言語を**非手続き型言語**(non procedure oriented language)という。分類例と主な言語概観を表3.1〜表3.3に示す。

表3.1 プログラム言語の分類

汎用プログラム言語	計算機向き言語,低水準言語	・機械語 ・アセンブラ言語
	問題向き言語,高水準言語	・手続き型言語 ・非手続き型言語
特殊問題向き言語	シミュレーション言語	GPSS, DYNAMO, SIMUSCRIPT
	リスト処理言語	LISP, IPLV

表3.2 主な手続き型言語の概観

C	UNIX記述用に開発されたシステム記述言語,汎用
FORTRAN	1957年,科学技術計算用,リアルタイム用,数式表現
COBOL	1959年,事務処理用,単純な計算処理機能,入出力のデータ処理向き
Pascal	1970年,マイクロコンピュータ用言語,構造化プログラミング,教育用
BASIC	1960年,マイクロコンピュータ用,教育用
ALGOL	科学技術計算用,プログラムの構造が明確,Pascal, Cの開発に影響
PL/1	1960年,FORTRAN+COBOL
APL	1962年,科学技術計算用,TSS用
Ada	1980年,米国国防省

表3.3 主な非手続き型言語の概観

RPG	ファイル作成,報告書作成,パラメータ式言語
PLOROG	1970年初,人工知能用言語
LISP	1960年代,人工知能用言語,リスト処理用
SQL	データベースアクセス言語,コマンド言語
Smalltalk	1970年,オブジェクト指向言語
C++	オブジェクト指向言語,パソコン用
Java	オブジェクト指向言語,インターネット

〔1〕 **機械語**　コンピュータは，プログラムがないと動かない。プログラムがコンピュータ上を流れることにより動作や機能が実現されていく。プログラムは，コンピュータが理解できる**機械語**（machine language）と呼ばれる命令を順序よく並べたもので，2進数のコードで構成されている。プログラムを作るときは，人間がわかりやすいプログラミング言語で記述して，コンピュータが理解できる機械語に翻訳（コンパイル）する。機械語は，最も原始的なプログラミング言語である。ここでは，例として，6×3の乗算プログラムを考える（**図3.9**）。

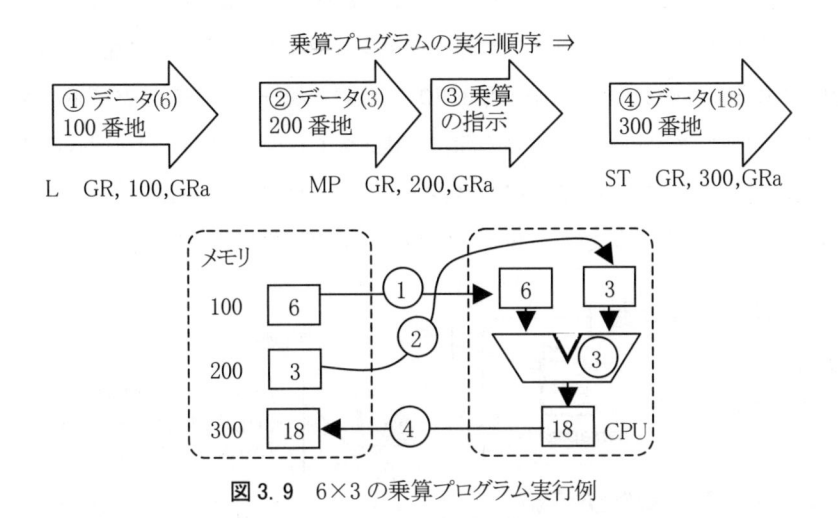

乗算プログラムの実行順序 ⇒

① データ(6)　100番地　　② データ(3)　200番地　　③ 乗算の指示　　④ データ(18)　300番地

L　GR, 100,GRa　　MP　GR, 200,GRa　　　　　　ST　GR, 300,GRa

図3.9　6×3の乗算プログラム実行例

　ロード命令[L　GR, I, GRa]はGRaが示すメモリ番地に即値（I）の内容を加えた値を有効アドレスとして，その有効アドレスが示す主記憶に格納されているデータを汎用レジスタGRにロードする命令である。加算命令は，[AD　GR, I, GRa]，減算命令は，[SB　GR, I, GRa]，ストア命令は，[ST　GR, I, GRa]，乗算命令は，[MP　GR, I, GRa]で表し，レジスタGRとGRaの初期値を0とすると6×3の演算は，次のようにプログラムされる。②と③の動作は，1命令で実行される。

　① L　GR, 100,GRa　　②③ MP　GR, 200,GRa　　④ ST　GR, 300,GRa

〔2〕 HTML　　HTML(hyper text markup language)はISOが標準化した電子文書交換のための汎用の**マークアップ言語**（SGML：standard generalized markup language）で，文書の構造や修飾をタグと呼ばれる文字列で指示できる文書定義言語である。HTMLはSGMLのサブセットで，マルチメディアを意識したSGML準拠の文書は，タグがすべて公表されているため，ワープロソフトや表計算ソフトなど異なるソフトで作成した複合データで構成された**ハイパーテキスト**(hyper text)の文書検索，バージョン管理などの処理が容易である。

　HTMLは，SGMLを拡張してページ間のリンク指定やデータ入力指定ができるタグ形式の命令語でインターネットの**ホームページ**作成に使用される。

　基本構造は，〈html〉と〈/html〉の間に命令を記述していく形式になっている。簡単なホームページの作成例を**図 3.10**に示す。ホームページのタイトルを表示する場合は，〈head〉と〈/head〉の間に〈title〉タイトル〈/title〉の記述形式を用いて，「タイトル」に表示したい文字を書き込む。例では，「system」がタイトルとして表示される。本文は，〈body〉と〈/body〉の間に記入していく。

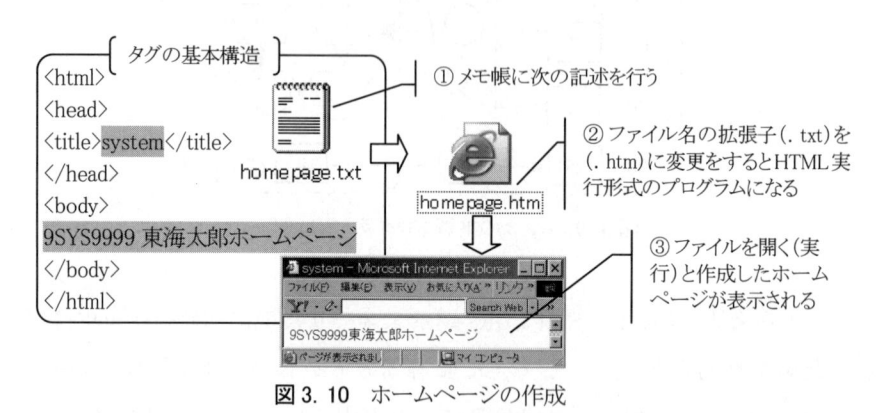

```
{ タグの基本構造 }
<html>
<head>
<title>system</title>
</head>
<body>
9SYS9999 東海太郎ホームページ
</body>
</html>
```

homepage.txt

① メモ帳に次の記述を行う

homepage.htm

② ファイル名の拡張子(.txt)を(.htm)に変更をするとHTML実行形式のプログラムになる

③ ファイルを開く(実行)と作成したホームページが表示される

system - Microsoft Internet Explorer
9SYS9999東海太郎ホームページ

図 3.10　ホームページの作成

〔3〕 XML　　XML(extensible markup language)とはHTMLと同様SGMLのサブセットのWeb用マークアップ言語で，ユーザによる新たな独自タグの追加機能を持つ点が異なる。タグに意味付けを行うことにより，データ変換が単純化されるため，電子商取引BtoB(business to business)，BtoC(business to consumer)に利用されつつある。

〔4〕 **XHTML**　XHTML(extensible hyper text markup language)とはXMLとHTMLの橋渡しを行うマークアップ言語で，HTMLの要素を用いてXML書式で記述する。文章の先頭は，XML宣言で始まり，すべてのタグを小文字で記述するなどHTMLの拡張版ではなく，XML仕様と考えて，HTMLの記述もXMLへの移行を想定して，XHTML仕様を意識して記述したほうがよい。

〔5〕 **JavaScript**　MS-DOSのバッチプログラムやマクロ命令など定型化された手順を記述した命令群（テキストコマンド）を**スクリプト**という。JavaScriptはWebページの中に条件分岐や繰返し処理などの対話機能を盛り込むスクリプト機能を持つ。JavaScriptはスクリプト言語で，Javaは記述形式，実行形式が異なるプログラム言語である（**表3.4**）。

表3.4　JavaScriptとJavaとの比較

JavaScript	Java	
	Javaアプレット(class)	Java
ブラウザ内で実行させられる	単独のソフトとして起動	
ディスク書込命令などが使えない	どんな操作もOK	
HTML内に記述	Classファイルを別に用意	EXEファイル
作成にソフトは不要	開発に専用ソフトが必要	

〔6〕 **設計記述言語**　ファームウェアプログラミングや論理設計,組込みシステムなどのシステム記述を行う言語を**設計記述言語**といい，シミュレーション向きの言語と論理設計向きの言語がある。シミュレーションから論理設計，VLSI設計用**ハードウェア記述言語**（**HDL**：hardware description language）には，Verilog-HDL，VHDLなどがある。システム記述言語にC言語を使用する場合は，システムシミュレーションは可能であるがVLSI設計の自動化には利用できない。ハードウェア記述言語（HDL）を使用する場合は，システムのモデル化,機能設計を行い，シミュレーションによるシステムのバグを取り除いた後，同じ設計データを使い論理合成技術によりコンピュータが自動的に論理設計を行う。

3.3.3 プログラミング方式

プログラム言語で記述されたプログラムをコンピュータで実行するためには、コンピュータが理解できる機械語に翻訳する必要があり、あるプログラム言語を他のプログラム言語に変換するプログラムを言語プロセッサ、または翻訳プログラム（translator）という。翻訳元のプログラムをソースプログラム（source program）、翻訳されたプログラムをオブジェクトプログラム（object program）という。プログラミング言語を、**アセンブラ**(assembler)言語、**コンパイラ**(compiler)言語、**インタプリタ**（interpreter）言語と分類することもある（**表**3.5）。

表3.5 翻訳プログラムの種類

プログラミング言語	種類	翻訳	例
アセンブラ言語	アセンブラ	アセンブラ言語, マクロ→機械語	CASL II
コンパイラ言語	コンパイラ	ソースプログラム→オブジェクトプログラム	C, COBOL
	ジェネレータ	報告書作成言語→オブジェクトプログラム	RPG
インタプリタ言語	インタプリタ	翻訳と同時に実行	BASIC

アセンブラ言語を機械語に変換することを、アセンブルする（assemble）、コンパイラを利用してソースプログラムをオブジェクトプログラムに変換することをコンパイルする（compile）、**ジェネレータ**（generator）を使って報告書作成言語をオブジェクトプログラム（機械語）に変換することを生成する（generate）という。翻訳プログラムは

① アセンブルする、コンパイルする、生成する

② 解釈する（interpret）

の2つのタイプに分類できる。

① のタイプは、プログラム作成をまとめて行い、機械語に変換後、コンピュータで実行するコンパイラ方式のプログラミングが可能である。

② のタイプは、プログラムを1ステップごとに直接機械語に変換しながら実行していくインタプリタ方式のプログラミングが可能である。

〔1〕 **コンパイル方式のプログラミング**　アセンブラ，コンパイラ，ジェネレータを利用してプログラム翻訳を行う。

(1) **アセンブラ**　アセンブラ言語のソースプログラムと機械語のオブジェクトプログラムを通常は，1対1に翻訳する。マクロ命令の場合は複数の機械語に変換される（図3.11）。

異なる機種間では，機械語も異なる場合があり，オブジェクトプログラムを異なる機種に変換する翻訳プログラムを**クロスアセンブラ**（cross assembler）という。

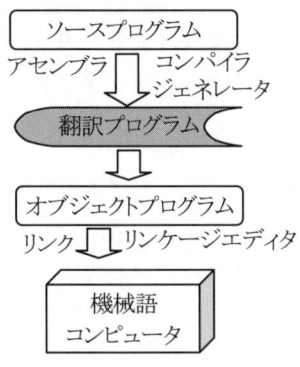

図3.11　翻訳プログラム

(2) **コンパイラ**　C言語などの高水準プログラムをオブジェクトプログラムに変換する。異なる機種で実行可能とする**クロスコンパイラ**もある。

(3) **ジェネレータ**　RPGなどで表形式に記入されたパラメータにより，報告書，ファイルの作成などを生成するオブジェクトプログラムに変換する。

(4) **プログラム作成と実行の手順**　記述したソースコードをコンピュータに入力してコンパイルするとオブジェクトプログラムが作成される。このオブジェクトプログラムを集めて，リンクすると，コンピュータで実行可能な**ロードモジュール**が出てくる（図3.12）。なお，最近のVisual系言語では，同じ画面上で，コンパイルリンクができる。

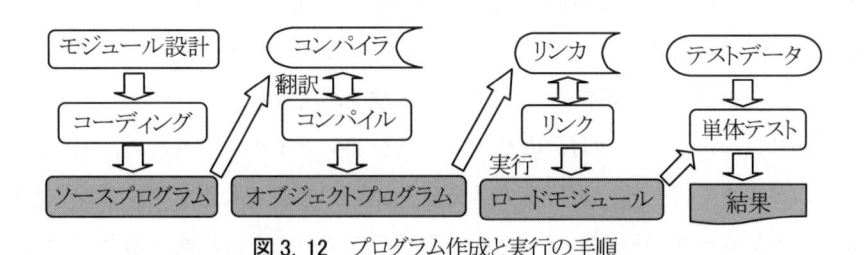

図3.12　プログラム作成と実行の手順

〔2〕 **インタプリタ方式のプログラミング**　インタプリタは記述されたソースプログラムの命令または中間コードの1ステップを1命令ごとに機械語命令に変換して実行する（図3.13）。インタプリタは，実行しながらデバッグできるため，簡単なプログラミングに適しているが，コンパイル方式に比べ実行速度は遅くなる。BASIC，APL，Java アプレットなどがある。パソコンやインターネットでは，十分実用に耐えうる。

スクリプト言語は，コマンドをテキスト形式で Web ページなどに記述してコンパイルなしで実行する点は似ているが，データ処理などはできない。

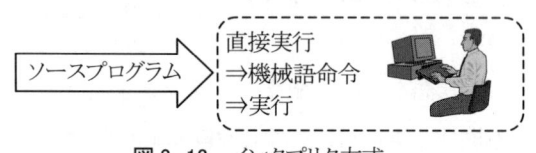

図3.13　インタプリタ方式

〔3〕 **ダイナミックリンク**　複数のオブジェクトプログラムをまとめることをリンクという。プログラムは，複数のモジュールやプログラムに分けて開発され，リンケージエディタで既存のプログラムやライブラリと一緒にまとめて実行プログラムを作成する。

プログラムのリンク方法には，プログラムの実行前に必要なプログラムを結合する**静的リンク**（static link）と外部プログラム参照を行う時点で動的に外部参照プログラムを結合する**動的リンク**（dynamic link）がある。静的リンクは，準備段階で一度結合すれば，そのプログラムで何度でも使用可能となり効率が良いが，プログラムの一般的共用が不可で柔軟性に欠ける。

動的リンクは，リンク対象のライブラリを別ファイルとするため，実行プログラムが小さくできる，実行時のメモリを節約できる，大きなプログラムを構成するモジュールの修正はソースを修正してファイルを入れ換えるだけで良いなどライブラリの一般的共用が可能で柔軟性が大きい。

UNIX や Windows では，ダイナミックリンクに対応した**ダイナミックリンクライブラリ**（**DLL**:dynamic link library）機能を提供している。

3.3.4 プログラム設計

プログラム作成は，作成段階の効率と作成後の保守性，信頼性を考慮して行う。特に，時間が経過するとプログラムの内容を忘れてくる場合が多く，第三者も含めてわかりやすい，見やすいプログラムが求められる。プログラム全体をモジュール単位に分割して行うモジュール分割技法は，多くの人が関係するシステム開発で標準的に用いられている。プログラム設計では，モジュール化設計が，分割されたモジュール単位でプログラミングされる。

〔1〕 **プログラム設計の手順**　プログラム設計では，内部設計仕様書に定義された機能をモジュールに分割して，各モジュールごとの機能，構造を定義していく。各モジュールの相関関係や，テストケースなどをプログラム設計仕様書にまとめ，プログラミングを開始する（図3.14）。

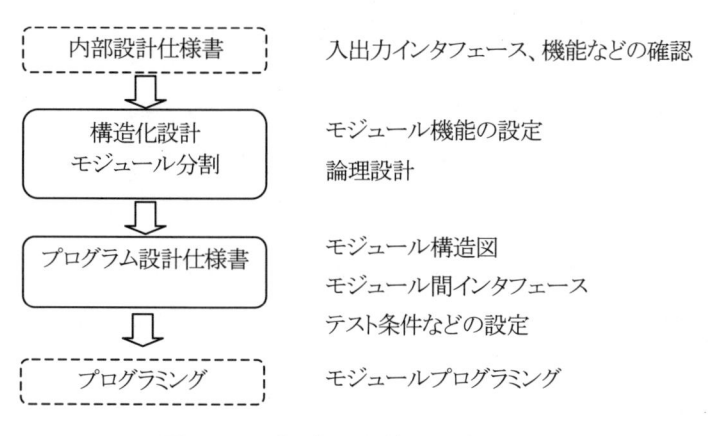

```
┌ ─ ─ ─ ─ ─ ─ ─ ┐
: 内部設計仕様書 :        入出力インタフェース、機能などの確認
└ ─ ─ ─ ─ ─ ─ ─ ┘
        ⇩
┌─────────────┐
│  構造化設計   │         モジュール機能の設定
│ モジュール分割 │         論理設計
└─────────────┘
        ⇩
┌─────────────┐         モジュール構造図
│プログラム設計仕様書│      モジュール間インタフェース
└─────────────┘         テスト条件などの設定
        ⇩
┌ ─ ─ ─ ─ ─ ─ ─ ┐
: プログラミング :        モジュールプログラミング
└ ─ ─ ─ ─ ─ ─ ─ ┘
```

図3.14　プログラム設計の手順

〔2〕 **モジュール分割**　プログラム設計では，プログラムをモジュールに分割する。モジュール分割技法には，**機能中心型設計技法**と**データ中心型設計技法**がある。

① 機能中心型は，処理の流れに沿って分割する方法で，構造化設計でよく見られる。STS分割法，共通機能分割法，トランザクション法などがある。

② データ中心型は，処理対象となるデータ構造に従い分割する方法である。ジャクソン法，ワーニエ法などがある。

分割されたモジュールは，階層構造をとる。階層の深さが大きくなると，プログラムが煩雑になるので，階層の深さを5以下ぐらいに抑えるのがよい。

その手順例を図3.15に示す。

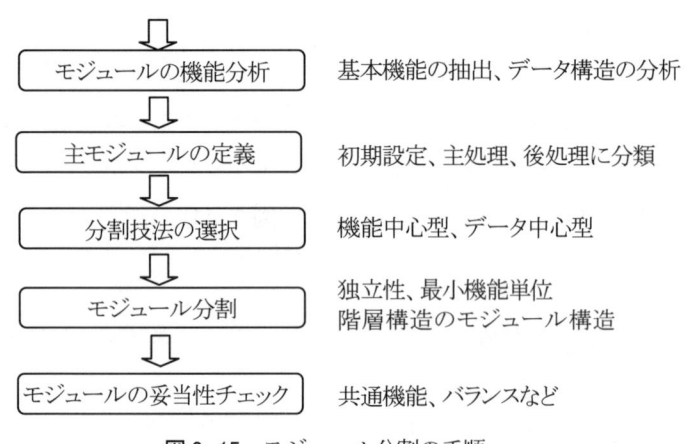

```
         ↓
  ┌─────────────────┐
  │ モジュールの機能分析 │  基本機能の抽出、データ構造の分析
  └─────────────────┘
         ↓
  ┌─────────────────┐
  │  主モジュールの定義  │  初期設定、主処理、後処理に分類
  └─────────────────┘
         ↓
  ┌─────────────────┐
  │   分割技法の選択    │  機能中心型、データ中心型
  └─────────────────┘
         ↓
  ┌─────────────────┐
  │   モジュール分割    │  独立性、最小機能単位
  │                   │  階層構造のモジュール構造
  └─────────────────┘
         ↓
  ┌─────────────────┐
  │モジュールの妥当性チェック│  共通機能、バランスなど
  └─────────────────┘
```

図3.15 モジュール分割の手順

分割モジュールは独立性が保てるようにする。共通機能は独立させ，別モジュール化を行う。モジュールの大きさは，バランスをとってそろえ，オンラインプログラムで1000ステップ以下ぐらいを目安とする。

〔3〕 **プログラミング** プログラム設計で分割したモジュール単位に構造化設計を行う。モジュール仕様の表記方法には，プログラム流れ図（JIS），デシジョンテーブル，NSチャート法などがあるが，一般的には，フローチャートを作成する。簡単なプログラムでも必ずフローチャートを作成してから，コーディング作業に入るようにする。

モジュール設計でテストケースの作成も重要である。単体プログラムでは動作しても，結合テスト，システムテストと上位になっていくに従い，隠れたバグ（虫）が現れてくる。プログラム設計仕様書に戻って，テスト条件を増やす。

〔4〕 **構造化プログラミングの基本構造**　プログラム設計，モジュール設計では，構造化プログラミング技法を用いるが，この基本構造は，順次，選択，反復（繰返し）の3つの基本構造をとる。構造化プログラミングの基本構造例を図3.16に示す。

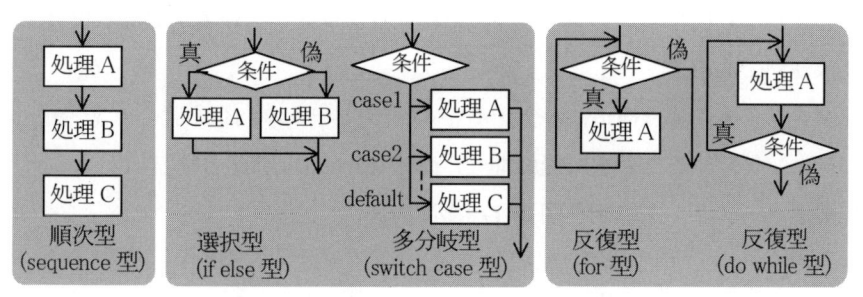

図3.16　構造化プログラミングの基本構造

順次型は，連続処理で，分岐は条件により2つ以上の異なる処理を行い，反復は条件により，同じ処理を繰返し行う。構造化プログラミングは，プログラミングの基本であり，C言語は当初から構造化プログラミング指向の言語である。

〔5〕 **オブジェクト指向プログラミング**　データとデータに関する手続き（メソッド）をひとまとめにしてオブジェクト形式にまとめ，オブジェクト形式どうしでデータ処理を行うプログラミング方式で，オブジェクト指向言語としてC++やJavaがある。

Java言語では，プログラムはクラス（部品）の集合体で，フィールドとメソッドで構成される。クラスの中で別なクラスを呼び出し，利用することができる。このことを「オブジェクト（インスタント）を生成する」という。フィールドとメソッドは「クラスを構成する一員」であることから**メンバ**と呼ばれる。クラスを利用するためには，そのクラスを呼び出して使える状態にするインスタンス化作業が必要となる。プログラムの具体的な処理を行う実体化されたクラスをインスタンス（オブジェクト）と呼ぶ。

〔6〕 **擬似コーディング**　プログラム設計では，実現する機能を明らかにして，モジュール分割を行い，各モジュールのアルゴリズム（処理手順）を設計する。フローチャートの作成時に，プログラムの論理構造を文書化すれば，具体的な言語によるコーディング段階では，この論理の記述をベースにコーディング作業ができる。論理構造を設計する論理設計時点で具体的な言語を意識する必要がない場合や，モジュールごとにプログラミング環境が異なる場合などには便利である。

プログラムの論理構造，あるいは，フローチャートの内容を詳しく文書化（コーディング）することを，**擬似コーディング**(pseudo coding)と呼ぶ。

擬似コーディングの例を**図 3. 17** に示す。

```
          論理の記述      擬似コーディング(pseudo coding)
               1 から 100 の合計値を求める例
1. 初期設定；n と合計値をクリアする（0 を n と合計値に入れる）
2. do until （n が 100 になるまで）；
       n の入力を行う。
       n に 1 を加える。(n+1→n)
合計値に n を加える。（合計値+n→合計値）
       合計値の表示を行う。
if   n＝100（n の値が 100 になったか）
       then   終了処理を行う。
       else   エラー処理
       end if；
end do；
3. 終了処理
```

図 3. 17　擬似コーディングの例

この例を見てわかるように，文書を読めばプログラムの流れが読める。また，擬似コーディングを利用して Java や C 言語，FORTRAN，COBOL を使って，コーディングできる。

3.4 システム開発の自動化

3.4.1 VLSIシステム設計技術

　情報システムのコンパクト化，高性能化はアーキテクチャの発展に比較して，半導体技術やマイクロプロセッサ技術の発展に依存するところが大きい。アーキテクチャの大幅な改良は望めないことから，コンピュータ開発サイクルの短期化にはコンピュータをシステム開発の道具として利用する設計自動化技術が有効である。設計データの流用が容易で過去の設計財産を生かせることからVLSI設計，回路設計，方式設計からソフトウェア開発まで適用分野が広い。

　情報システムのVLSI設計自動化技術では，システムの要件を明らかにする手段が必要となる。システムの要件は，価格，性能，機能などである。システム要件が明らかになると機能実現の階層構造を作り，その機能階層構造からハードウェア(H/W)，ファームウェア(F/W)，ソフトウェア(S/W)のトレードオフ作業を行うため情報システムをあらゆる角度から検討する手段も必要である。アプリケーションソフトウェア，システムソフトウェア，基本ソフトウェア，ＯＳ，CPU，マイクロプログラムレベルに分離して考えることも，あるいは論理回路，LSI回路レベルでの実現の可能性も考えることがある。どのようなレベルにも対応できる自動設計技術は現実には困難であり，ある限定された方法からのアプローチが考えられる。

　VLSIシステムの設計では，アーキテクトはシステム設計レベルでシステム仕様を決定し，ハードウェア，ソフトウェア一体のコデザインを行い，あらかじめシステム全体の仕様や機能を決めてからトップダウンで各サブシステム機能の分離作業を自動的に行うことが望ましい。有効な手法は，モデリング手法とシミュレーション技術である。モデリング手法には，システム全体の機能を構築するシステム記述言語を道具として使用する。システム記述言語はシステムアーキテクチャの記述と分離作業が自動的にできる（図3.18）。

　そのシステムアーキテクチャモデルを高速にシミュレートして，性能予測を行う。アーキテクチャレベルのシミュレーションはシステム全体の振る舞いを

3. システム開発手法

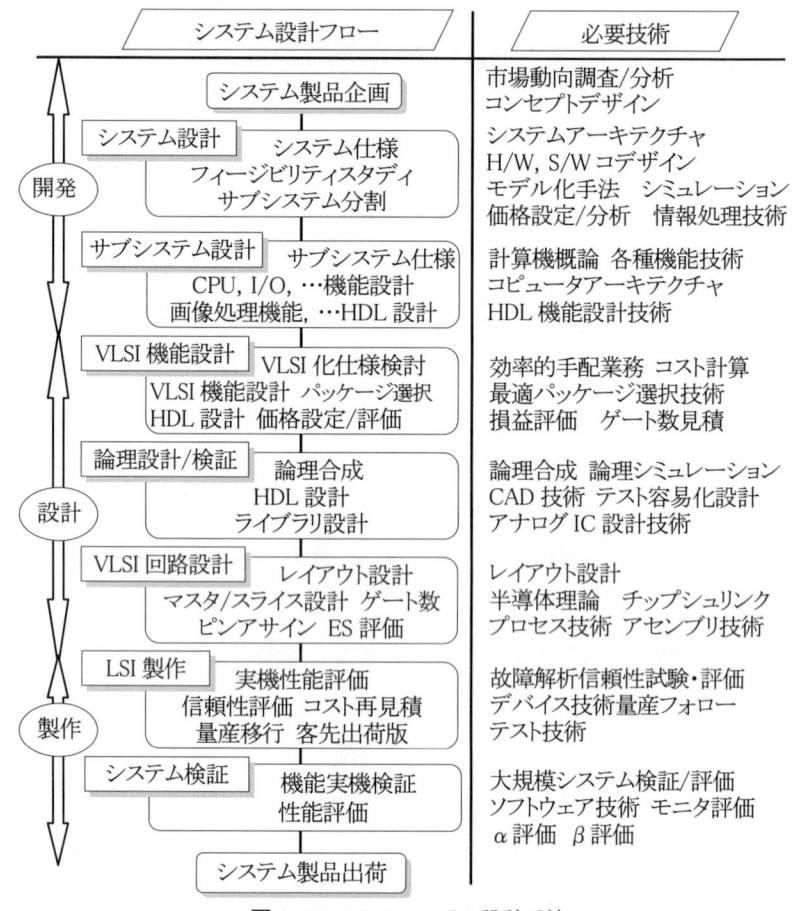

システム設計フロー	必要技術
システム製品企画	市場動向調査/分析　コンセプトデザイン
システム設計　システム仕様　フィージビリティスタディ　サブシステム分割	システムアーキテクチャ　H/W, S/W コデザイン　モデル化手法　シミュレーション　価格設定/分析　情報処理技術
サブシステム設計　サブシステム仕様　CPU, I/O, …機能設計　画像処理機能, …HDL 設計	計算機概論　各種機能技術　コンピュータアーキテクチャ　HDL 機能設計技術
VLSI 機能設計　VLSI 化仕様検討　VLSI 機能設計　パッケージ選択　HDL 設計　価格設定/評価	効率的手配業務　コスト計算　最適パッケージ選択技術　損益評価　ゲート数見積
論理設計/検証　論理合成　HDL 設計　ライブラリ設計	論理合成　論理シミュレーション　CAD 技術　テスト容易化設計　アナログ IC 設計技術
VLSI 回路設計　レイアウト設計　マスタ/スライス設計　ゲート数　ピンアサイン　ES 評価	レイアウト設計　半導体理論　チップシュリンク　プロセス技術　アセンブリ技術
LSI 製作　実機性能評価　信頼性評価　コスト見積　量産移行　客先出荷版	故障解析信頼性試験・評価　デバイス技術量産フォロー　テスト技術
システム検証　機能実機検証　性能評価	大規模システム検証/評価　ソフトウェア技術　モニタ評価　α 評価　β 評価
システム製品出荷	

(左側フェーズ区分：開発／設計／製作)

図 3.18　VLSI システム設計手法

シミュレートするため，高速なコンピュータを必要とし，システムアーキテクチャ記述レベルを階層化する工夫もなされる．例えば，システム全体の振る舞いをシミュレートする動作モデルシミュレーション，機能レベルの機能モデルシミュレーションなどハードウェアシステム，ソフトウェアシステムなどの各サブシステムでも階層化される．

　設計記述言語で記述したアーキテクチャレベルのモデルから，システムの設計を自動的に行うことをシステム合成という．システム合成は，階層化され，機能設計レベルでは，機能合成，論理設計レベルでは，論理合成という．

3.4.2 システムオンチップ設計技術

通信機器，CPU，基本ソフトウェア機能などシステムの機能を1チップに凝縮するVLSI化技術をシステムオンチップ設計技術という。システムオンチップの開発環境ではアナログ設計やハードウェア，ソフトウェア，OSも含めたトータルな自動化された開発環境が要求される。通常，VLSIの中は修正が大変で修正，変更には期間とコストが膨大になる。VLSIシステムでは製品ができる前にシステム機能のデバッグを行うため，システム設計，アーキテクチャ設計，機能設計，論理設計，レイアウト設計などで設計を自動化する。

新しい設計手法の適用として，上位レベル（設計の上流）からコンピュータを使って設計を自動化して進めるトップダウン設計手法がある。トップダウン設計手法は，GUI設計環境で設計記述言語を使い，VLSIシステムモデルの記述を行い，シミュレートしたのち，LSI設計へ機能設計データを自動的に転送する。設計記述言語には，C言語やVerilog-HDL，VHDLなどがある。

アーキテクチャレベルからアルゴリズム，レジスタ転送レベルまでは機能，動作を記述するため動作記述と呼ばれ，ゲートからスイッチレベルは論理設計から論理素子の構造を記述するレベルで構造記述と呼ばれ，動作記述から構造記述は自動的に変換される（図3.19）。

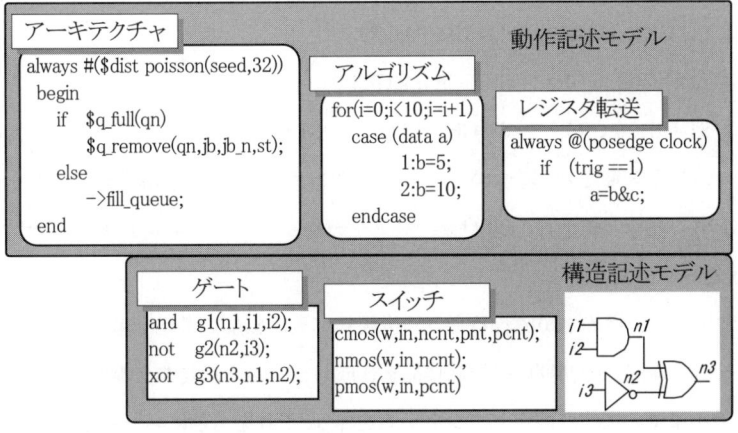

図3.19 Verilog-HDLの記述レベル例

演習問題

[3.1] ボトムアップ設計手法を用いて九九の表を作成する手順を示せ。

[3.2] ロード命令[LD　GR, I, GRa]はGRaが示すメモリ番地に即値Iの内容を加えた値を有効アドレスとして，その有効アドレスが示す主記憶に格納されているデータを汎用レジスタＧＲにロードする命令である。加算命令は，[ADD　GR, I, GRa]，減算命令は，[SUB　GR,I, GRa]，ストア命令は，[ST　GR, I, GRa]で表し，レジスタ，メモリの内容が次のようにレジスタ，メモリの初期値が与えられるとき，①-②-③-④の順番で命令を連続して実行した後の各々のレジスタ，メモリの内容を変更点のみ答えよ。

（解答例）　レジスタGR1は値「12」が「〇」に，メモリ108番地値「278」が「〇〇」となる。

初期値

レジスタ		番地	メモリ	番地	メモリ	番地	メモリ
GR0	10	100	1000	105	63	110	125
GR1	12	101	125	106	1025	111	325
GR2	100	102	101	107	365	112	111
GR3	102	103	23	108	278	113	457
GR4	50	104	1536	109	369	114	329

（命令の実行順序）

①LD GR1, 2,GR3　　　LD GR4, 12,GR2

②LD GR2, 5,GR2　　　LD GR3, 0,GR3

③ADD GR2, 6,GR3　　SUB GR4, 2,GR3

④ST GR1, 9,GR3　　　ST GR2, 10,GR3　　ST GR3, 11,GR3　　ST GR4, 12,GR3

[3.3] システム開発手法について，次の字句に該当する記述を解答群の中から選べ。

①スパイラルモデル　②ウォータフォールモデル　③プロトタイプモデル

＜解答群＞

a　原則として滝の水が流れるように後戻りすることなく開発を進める。

b　システム開発の初期段階で試作品を作成して，ユーザ要求とのすり合わせを行う。

c　最小単位の機能に限定したシステムを作り，これをもとにユーザとの仕様確認を行いながら次第に機能範囲を拡大していく。

第4章 システムソフトウェア

《本章の内容》
4.1 ソフトウェア体系
4.2 ヒューマンインタフェース
4.3 オペレーティングシステム
演習問題

　情報システムは，ハードウェアやソフトウェア，時間などの資源を有効に活用して処理効率の向上を図る。システムソフトウェアは，その中心的な役割を果たしている。本章ではシステムアーキテクチャの構成要素であるシステムソフトウェア，オペレーティングシステムの概要について述べる。

キーワード:ウィンドウシステム, OSアーキテクチャ, 仮想記憶方式　☒

　4.1節では，ソフトウェア体系の基本について述べる。
　4.2節では，現在のパソコンの特徴であるグラフィカルユーザインタフェース（GUI）の基となったXウィンドウシステムについて述べる。
　4.3節では，システム制御の基本となるオペレーティングシステム，特にパソコンのOSについて述べる。

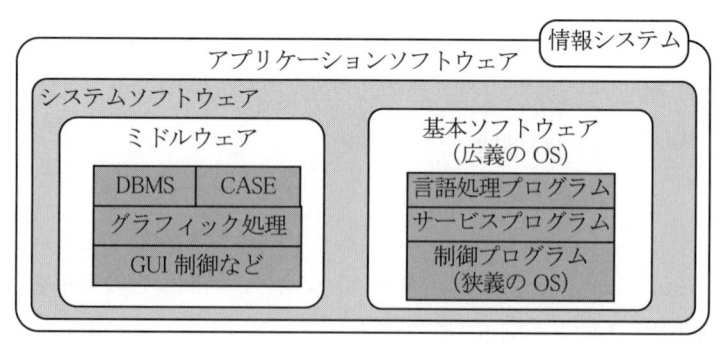

4.1 ソフトウェア体系

〔1〕 **ソフトウェア体系**　ソフトウェアは，コンピュータシステムの機能を有効に活用するためのシステムソフトウェアと利用目的に対応して情報処理システムを構築するアプリケーションソフトウェアに分かれる。アプリケーションソフトウェアは，システムソフトウェアの機能を利用して実行され，ユーザに共通して使用されるものから，特定業務に限定されたものまで幅広く存在する（図4.1）。

```
情報システム
┌─────────────────────────────────────┐
│     アプリケーションソフトウェア          │
│  ┌───────────────────────────────┐  │
│  │     システムソフトウェア           │  │
│  │ ┌──────────┐ ┌──────────────┐ │  │
│  │ │ ミドルウェア │ │ 基本ソフトウェア │ │  │
│  │ │          │ │  (広義のOS)    │ │  │
│  │ │ DBMS CASE│ │ 言語処理プログラム│ │  │
│  │ │ グラフィック処理│ │ サービスプログラム│ │  │
│  │ │ GUI制御など│ │ 制御プログラム  │ │  │
│  │ │          │ │  (狭義のOS)    │ │  │
│  │ └──────────┘ └──────────────┘ │  │
│  └───────────────────────────────┘  │
└─────────────────────────────────────┘
```

図4.1　ソフトウェア体系

〔2〕 **システムソフトウェア**　基本ソフトウェアとミドルウェアに分かれる。基本ソフトウェアはコンピュータシステムの資源の有効活用するためのソフトウェアで広義の意味のOSと呼ばれる。ミドルウェアは，アプリケーションソフトウェアと基本ソフトウェアの中間に位置付けられ，基本ソフトウェアの機能を利用して，より高いレベルの基本機能を提供する。

基本ソフトウェアは，制御プログラム，言語処理プログラム，サービスプログラムからなる。制御プログラムはハードウェアの資源を有効活用する管理プログラムで，狭義のOSと呼ばれる。言語処理プログラムはアセンブラ，コンパイラなどプログラム言語の翻訳に関わり，サービスプログラムはエディタ（テキスト編集プログラム），ライブラリ管理プログラムなど最初からシステムに組み込まれて提供される。

4.2 ヒューマンインタフェース

4.2.1 使用者と情報システムとの関係

　エンドユーザ部門に設置される情報システムの**使用者**（ユーザ：user）は「利用する(use)」と「運用する(operate)」の 2 つの使用者に分類される。「利用する」は一般利用者（エンドユーザ：end user）で文書作成，表計算，プレゼンテーション，プログラミングなどの一般的業務を行う。「運用する(operate)」は，情報システムの構築・運用を主な役割とし，システム管理者（**システムアドミニストレータ**：system administrator），略してシスアド，SAD（サッド）と呼ばれる。

　一般家庭のパソコンユーザは「利用する」と「運用する」が兼務されるが，企業では，「運用する」は，情報システム部門として独立した存在となる。システムアドミニストレータは，**オペレータ**(operator)，**プログラマ**（programmer）の役割も含めて，業務システムの導入企画からエンドユーザの技術的支援，メーカ側とのシステム調整窓口業務，システム評価など幅広い知識と経験，技術が求められる。情報システムの構成要素との境界は，**インタフェース**（interface）と呼ばれ，使用者はインタフェースを通じてコンピュータと情報交換を行う（**図4.2**）。

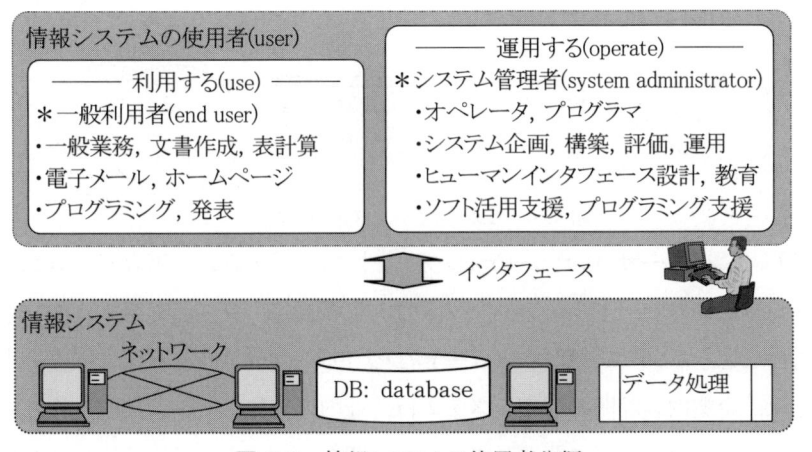

```
情報システムの使用者(user)
―― 利用する(use) ――          ―― 運用する(operate) ――
＊一般利用者(end user)          ＊システム管理者(system administrator)
・一般業務，文書作成，表計算    ・オペレータ，プログラマ
・電子メール，ホームページ      ・システム企画，構築，評価，運用
・プログラミング，発表          ・ヒューマンインタフェース設計，教育
                                ・ソフト活用支援，プログラミング支援

                    ⇅ インタフェース

情報システム
  ネットワーク     DB: database    データ処理
```

図4.2　情報システムの使用者分類

〔1〕 ヒューマンインタフェース

（1） **ユーザインタフェース**　ユーザとコンピュータ間でデータ交換を行う装置やソフトウェアを**ユーザインタフェース**（UI：user interface）という。パソコンが広く普及した背景には，画面（**ウィンドウ**：window）上で図形，絵などを使用した**グラフィカルユーザインタフェース**（GUI：graphical user interface）の貢献度が大きい。主にコンピュータシステムで使われ，ヒューマンインタフェースと同意語で使用される（図4.3）。

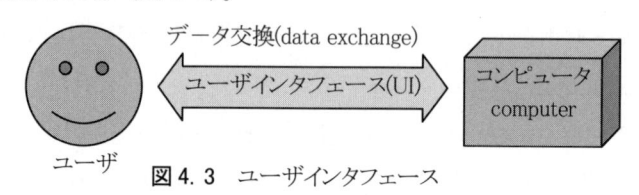

図4.3　ユーザインタフェース

（2） **ヒューマンインタフェース**　人間（human）が機械を操作することにより，機械に人間の意思を伝達，結果を返す仕組みを**ヒューマンインタフェース**(HI：human interface)という。音声（voice），画像（graphics）などの**マルチメディア**（multimedia）情報を活用した入出力方式では，ハードウェアとソフトウェア両面からコンピュータ入出力装置やOA機器，電子機器などの使いやすさの向上，視覚度向上などが図られる。ヒューマンインタフェースでは，情報と通信，映像の三位一体を考慮した方式が必要である。ユーザインタフェースと同意語で使用される(**図4.4**)。

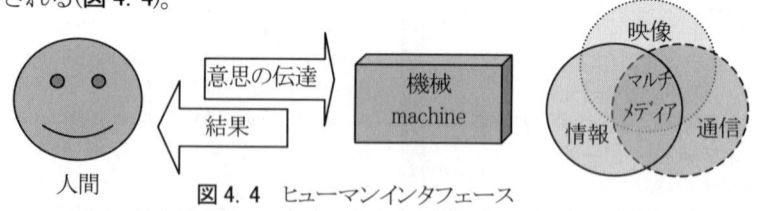

図4.4　ヒューマンインタフェース

〔2〕 **エンドユーザコンピューティング**　情報システムの利用者が，コンピュータシステムのハードウェア，ソフトウェアの選定，システム導入，開発などを行うことを**エンドユーザコンピューティング**(EUC：end user computing)という。従来は，企業内各部門の情報システムは，社内の情報システム部門や社外のソフトウェアハウスなどで開発していたが，開発コストやメインテナンス費用の

増大化,エンドユーザの仕様変更に柔軟に対応できない状況になってきた。一方,エンドユーザの情報処理技術の向上と安価で品質の高いパソコンや豊富な種類のパッケージソフト,インターネットの爆発的普及により,企業活動の基幹となる情報システムは,情報システム部門が開発担当し,エンドユーザ部門では,ユーザの必要な情報を自らが検索,加工,処理する傾向となってきた。

情報システムの使用者も,ユーザインタフェース,基本ソフトウェア,ファイルシステムなどシステム開発の基本知識や技術が必要となる。

4.2.2　ユーザインタフェースの向上

ユーザインタフェースの向上(improvement)の方法は,**ウィンドウシステム**(window system),**マルチウィンドウシステム**(multi window system),グラフィカルユーザインタフェース(GUI),**アイコン**(icon)がある。

〔1〕 ウィンドウシステム型 UI の特徴

(1) **グラフィカルユーザインタフェース**　コンピュータとユーザが対話する方式には,ターミナル型ユーザインタフェース(UI)とウインドウシステム型UIがあり(**図 4.5**),手段にコマンド(command)を基本とするターミナル型UIを**コマンドユーザインタフェース**(**CUI**:command UI または character UI)という。代表的なものにMS-DOS コマンドがある。

特徴	ウィンドウシステム型 UI		ターミナル型 UI
情報の形態	グラフィックベース:アイコン,メニュー,ボタン		テキストベース
仕事の指示	ポイント,セレクト,グラフィックス操作部品	マルチタスク等の OS 機能,高度なグラフィックス機能等への対応	コマンド
操作	シンボル化した操作部品,直観的		
表示領域	マルチウィンドウ,重ね合わせ表示		1つ

図 4.5　ウィンドウシステム型 UI の特徴

ウィンドウシステム型ユーザインタフェース(表 4.1)は，アイコンやグラフィックスを基本とする視覚的なインタフェースでグラフィカルユーザインタフェース（GUI）という。代表的なものには，1980年代半ばにアメリカのマサチューセッツ工科大学（MIT）がクライアントサーバシステムと GUI を基本に開発した **X ウィンドウ**（X Window）がある。グラフィック処理と分散処理環境に適していて，GUI の基盤は X ウィンドウで事実上標準化されている。

表 4.1 ウィンドウシステム型 UI の利点と欠点

利　　　点	欠　　　点
① 素人向け:ファイル名，プログラム名が可視化 ② 別々のウィンドウ上の情報を同時に見て作業可 ③ 並列処理 ④ グラフィックス型，マルチメディア情報との混在 ⑤ 異なる応用プログラム間の操作性がほぼ同じ ⑥ 異なる機種間でのソフトウェアの互換性が高い ⑦ 使うのが楽しい	① 高能力プロセッサ ② 操作に手間暇がかかる ③ システムが複雑で巨大 ④ 開発パワー大

（2）　**マルチウィンドウ**　　複数のアプリケーションがそれぞれ専用のウィンドウを通して情報の提供が可能なシステムを**マルチウィンドウシステム**という（表 4.2）。表示方式には，画面を固定分割する**タイリング方式**と画面を自由な大きさで自由な場所に重ね合わせる**オーバラッピング方式**がある。ユーザは複数のアプリケーションの同時並行が可能なマルチタスク機能を用いて1つの画面上で会話形式処理が可能である。

表 4.2 マルチウィンドウの歴史

年	概　　　要
1963	スケッチパッド(I. Sutherland)
1967	マウス試作(D.Engelbart)
1984	Macintosh パソコン発売
1987	X ウィンドウ X11R1 発表　UNIX SVR4 発表
1988	X コンソーシアム結成　OSF(Open Software Foundation)結成
1989	UI(UNIX International)結成
1991	X11R5 クライアントサーバモデル
1995	MS- Windows Windows95 パソコン発売

(3) **実環境との類似性**　ウィンドウは各種の書類や図面が置かれた机の上と同じ感覚をユーザに提供する。ユーザは，実際の机上の書類を扱うがごとくウィンドウシステムで動作指示が可能である。

〔2〕**各種ウィンドウシステムの特徴**

(1) **X ウィンドウ**　クライアントサーバシステムとGUIを基本に開発された業界標準(defact standard)のプラットフォームで，ワークステーション，UNIX OSに多く利用される。特徴は，パブリックドメインソフトウェア，ネットワーク指向のクライアントサーバモデルの実現であり，ベンダやデバイス，OSに依存しない(図4.6)。C言語ベースで移植性が高く，パソコン用UNIX OSであるFree BSDやLinux上でX Windowとして動作するXFree86がある。アプリケーション開発は，Xツールキット（widget，intrinsic）またはXライブラリ（Xlib）を使用する。改良，機能強化はXコンソーシアム(UI/OPEN　LOOK, OSF/Motif)で行われる。

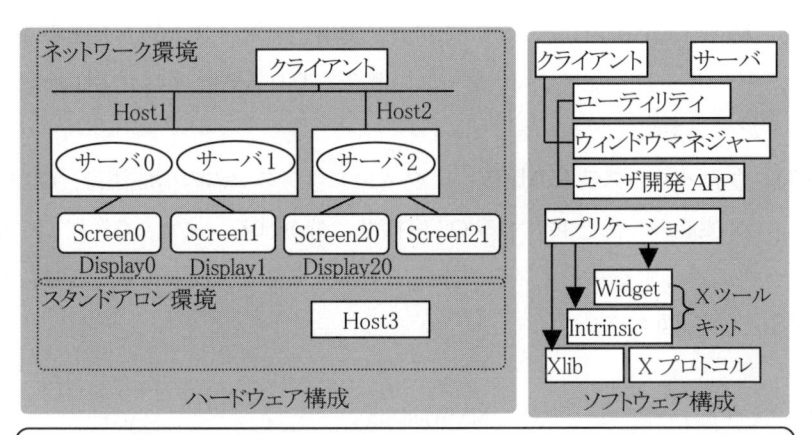

図4.6　Xウィンドウシステムの構成

Xlib：Xウィンドウの生成，操作やグラフィックス機能，イベント処理など，C言語とXプロトコル間のインタフェースを提供
Xツールキット：Xlibの上部構造，GUI構築で標準的に使用される部品
Widget：ボタン，メニュー，ダイアログなど各種GUI部品を構成するためのS/W部品
Intrinsic：Widgetを組み合わせて，統合化するためのライブラリ

(2) MS-Windows　　Windows95/98/ME/2000/XP/Vista 上で稼働する GUI 発展の経緯は

・MS-Windows V1.0（1985/11）メモリ空間 640KB，タイリングウィンドウ

・MS-Windows V2.0（1989 年）オーバラップウィンドウ

・Windows3.0(1990/5), Windows95(1995/11)

で 1995 年発売の Windows95 でパソコンの GUI として普及した．GUI の中核をなすツールは，プログラムマネジャー，ファイルマネジャー，コントロールパネル，クリップボード，DOS プロンプト，DOS エミュレータなどである．主な特徴は，デバイスの抽象化を図ったことで，**アプリケーションプログラミングインタフェース（API）**としてデータ型，ファイル用 Windows 関数，ウィンドウの作成,メッセージ処理用ウィンドウマネジャーインタフェース（WMI 関数），メモリ管理，タスク管理などのシステムサービスインタフェース関数，グラフィック操作用グラフィックデバイスンタフェース(GDI)関数がある．開発環境として，プロの開発者向け SDK，Visual BASIC，MS-C などがある．

(3) Macintosh（MAC）　　GUI を初めて実用化した．基本的入力機器は，マウス，キーボード，などで，リソースの概念を取り入れたイベント駆動型プログラミングが主流である．

〔3〕**ウィンドウシステムの比較**　　ウィンドウシステムの構成法は，OS 独立型と，OS 機能の一部を共有する OS 密接型に分かれる．また，OS として複数のユーザに対応するマルチユーザ機能やマルチタスク（multitask）処理も比較の対象となる(図 4.7)．

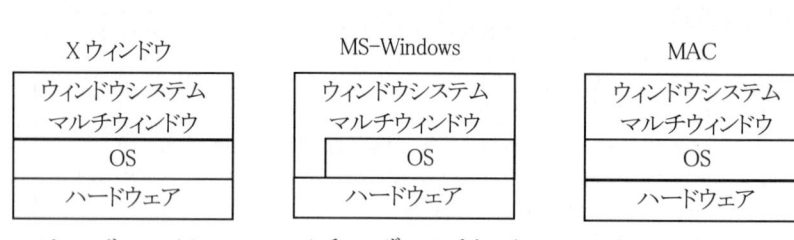

X ウィンドウ	MS-Windows	MAC
ウィンドウシステム マルチウィンドウ	ウィンドウシステム マルチウィンドウ	ウィンドウシステム マルチウィンドウ
OS	OS	OS
ハードウェア	ハードウェア	ハードウェア
マルチユーザ マルチタスク	マルチユーザ マルチタスク	シングルユーザ シングルタスク

図 4.7　ウィンドウシステムの比較

4.3 オペレーティングシステム

4.3.1 オペレーティングシステムとは

コンピュータの資源には，情報処理の対象となるデータや仕事(job)を処理するプログラム，ハードウェア，時間などがある。**オペレーティングシステム**（**OS**）は，コンピュータの資源を効率良く働かせるソフトウェアの集まりで，OS カーネル，処理プログラムの実行を管理する制御プログラム，ファイルやデータの流れを制御するデータなどで構成される。

OS は動作するコンピュータアーキテクチャと密接な関係がある。プログラム，命令の実行管理，CPU 実行管理，仮想記憶管理，入出力管理，割込み処理，障害回復処理などの OS 機能の実現には，コンピュータアーキテクチャを理解することが重要であり，コンピュータアーキテクトは，OS の機能，実現性も考慮して，コンピュータアーキテクチャを設計する必要がある。

〔1〕 **OS の目的と役割**　OS はプログラムとデータの集合体で資源管理を目的とする。その結果，利用者に対しては，ハードウェアを意識することなく使用できる環境を提供する(**図 4.8**)。

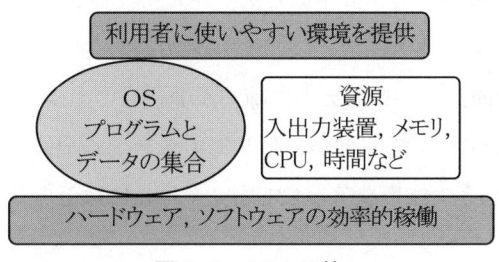

図 4.8 OSの目的

OS は主として，①資源の管理，②利用者インタフェースの提供，③コンピュータシステムの運転と管理，④障害の検出と診断，異常処理，回復処理の4つの役割を担っている。OS の種類やサポート機種が異なっても，これらの役割は共通していえることであり，また，性能向上，信頼性向上，使い勝手の向上などでも考慮する点である。

〔2〕 **OSの達成目標**　OSは主として，次の4つの目標を達成する。

（1）**応答時間の短縮**　端末やコンピュータからデータ入力や指示要求を行ってからその要求に対する処理結果が戻ってくるまでの時間を応答時間（**レスポンスタイム**：response time）という。ネットワークシステム開発では，応答時間に影響を与える回線保留時間，伝送速度，回線待ち時間などの要素を洗い出し予測する必要がある。

仕事の処理要求を始めてからすべての結果を得るまでの経過時間を**ターンアラウンドタイム**（turn around time）という(**図4. 9**)。これに関係する要素は，コンピュータ資源の待ち時間，処理時間，データ伝送時間，出力時間などがある。

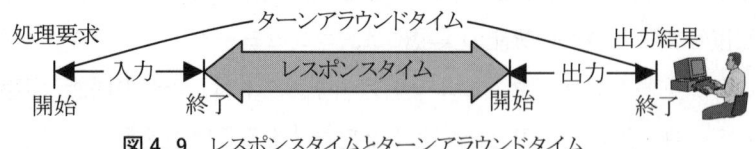

図4. 9　レスポンスタイムとターンアラウンドタイム

（2）**スループットの向上**　単位時間に処理する仕事量を**スループット**（throughput）という。単位時間当りのデータ転送量やトランザクション量の意味でもある。スループット向上のため，マルチプログラミングやスプールなどの技術が用いられる。

（3）**信頼性の向上**　システムに障害が発生してもシステムダウンとならない手法としてシステムの一部が故障してもシステム全体は正常動作する**フェイルセーフ**機能や，多少能率を落としても完全停止には至らない**フェイルソフト**機能が要求される。

（4）**使いやすさの向上**　パソコンで標準的になっているグラフィカルユーザインタフェースの向上や入出力関係の記述の標準化，プログラミングの簡略化，システムインテグレーションの簡単化，システムインストールの簡素化などユーザの立場に立った向上が求められる。

4.3 オペレーティングシステム

〔3〕 **OS のブート手順**　電源投入や再起動などシステムの開始に伴い OS を起動することをブート（boot）という。OS を補助記憶(HDD:hard disk drive)から主記憶に読み込む作業をローディング（loading），そのプログラムをローダ（loader），ローダを主記憶にローディングする動作を **IPL**（initial program loading），IPL を行う小プログラムを**ブーツストラップ**（boot strap）という。ブーツストラップはハードウェアに組み込まれた簡単な命令である。OS ローディングの手順は，① ブーツストラップを用いてローダを主記憶に読み込む IPL 動作を行う，② ローダで，OS 本体を読み込む，このように OS の主記憶への読込みは 2 段階方式で行われる(**図 4.10**)。

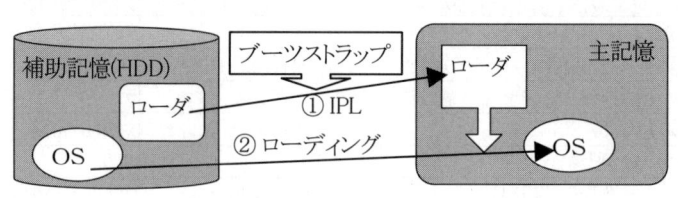

図 4.10　OS のブート手順

〔4〕 **基本ソフトウェアの構成**　基本ソフトウェアの構成は，機種により異なる。パソコンでは OS とユーティリティを合わせてシステムソフトといい，その他をすべてアプリケーションソフトと呼ぶ(**図 4.11**)。

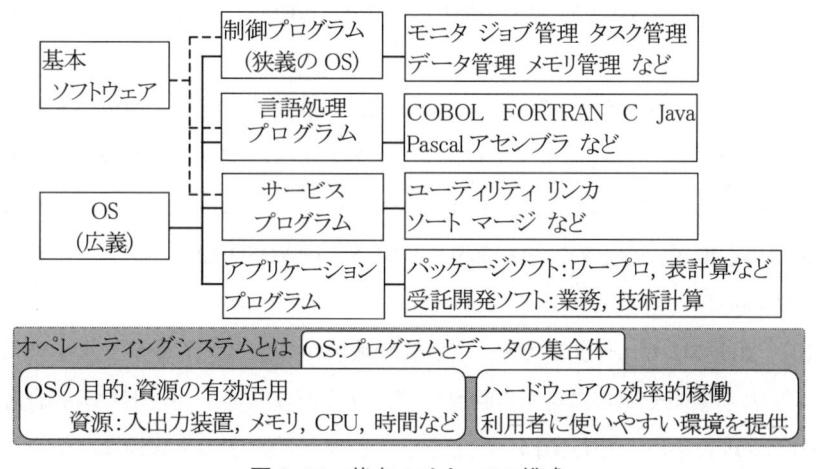

オペレーティングシステムとは　OS：プログラムとデータの集合体
OSの目的：資源の有効活用　ハードウェアの効率的稼働
　資源：入出力装置，メモリ，CPU，時間など　利用者に使いやすい環境を提供

図 4.11　基本ソフトウェアの構成

〔5〕 **主な OS**　汎用大型コンピュータ（general purpose computer）では，各メーカが独自 OS を開発していたため互換性がないが，ワークステーション（WS：work station）では UNIX が，パソコン(PC)では，Windows など，どのメーカの機種にも使用できる標準 OS が出てきている．また，NetWare などは，ネットワーク専用の機能を提供するネットワーク OS であり，UNIX，Windows 系の OS でも動作して，例えば，プリントサーバ機能を提供している．代表的な OS を表 4.3 に示す．

表 4.3　代表的な OS

機能	汎用機	WS	PC
処理形態	オンラインリアルタイム処理	対話型処理	対話型処理
管理・運用	管理者，ユーザ分離	管理者は一応いる	ユーザ中心
データの利用	多様なファイル編成	データファイル	データファイル
安全等の対策	RASIS の充実	障害対策あり	対策が希薄
使いやすさ(HI)	配慮が少ない	GUI	GUI
OS 名	MVS（1974）	UNIX（1969）	Windows Vista（2007）

(1)　**パソコンの OS**　個人使用向き，ビジネス向き，ゲームなどの分野で使用され GUI に優れているが，ファイルの安全性，LAN の構築，情報の共用，障害などの対策が不十分である．16 ビット版 MS-DOS をカーネルとする Windows95/98/Me から 32 ビット版の 2000/XP/Vista，さらには 64 ビット版へと発展している．

(2)　**ワークステーションの OS**　UNIX は，① マルチベンダ環境にあり標準化が進んでいる，② 流通ソフトウェアが豊富にある，③ 移植性に優れている，④ システム拡張性に優れていて性能レンジが広い，⑤ TCP/IP によりネットワーク構築が簡単，などの特徴があり，LINUX，FreeBSD などパソコンにも移植されている．

(3)　**汎用コンピュータの OS**　事故や破壊からシステムやデータを守るセキュリティ機能や障害に対する回復処理，リカバリ機能，ハードウェア資源の効率的管理に優れ，銀行業務，鉄道などの座席予約などの大規模なオンライリアルタイムシステムに利用される．

4.3.2 OSアーキテクチャ

制御プログラム（狭義のOS）はシステム資源の効率的管理を行うプログラムで**スーパバイザ**(supervisor)とも呼ばれる。スーパバイザの中核部でハードウェアを直接制御する部分を**カーネル**(kernel/nucleus)という（**図4.12**）。OSは，各種制御情報をプロセスという抽象的概念で処理するプログラムの集合体である。Windowsでは，システムに関する各種設定情報を管理するデータベースを**レジストリ**（registry）という。パソコンでは，OSをシステムと呼ぶ。

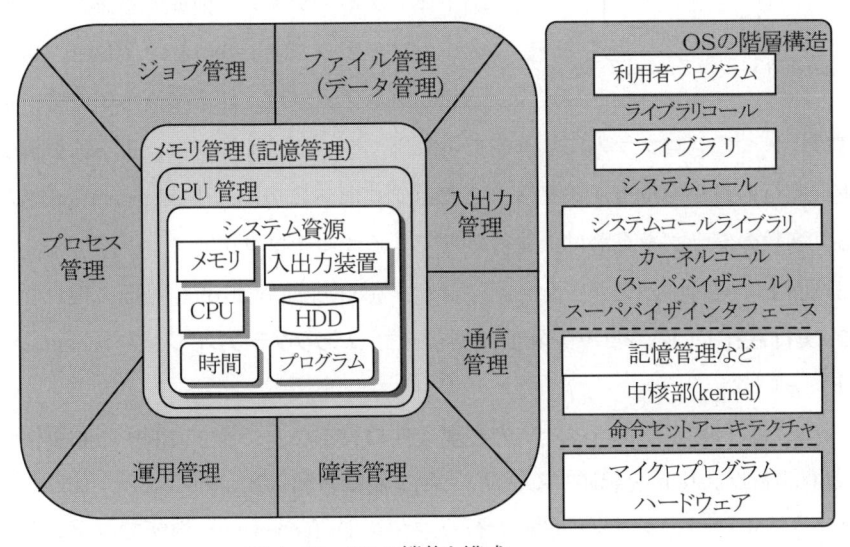

図4.12 OSの機能と構成

OSは階層構造をとり，カーネルの機能は，**カーネルコール**（スーパバイザコール）で利用者プログラムに，**ライブラリ**やシステムコールライブラリ（拡張命令の集合）形式で提供される場合もある。OSの処理を遂行するプログラムで最小実行単位を**プロセス**（process），またはタスク（task）という。システム機能の実行プロセスをシステムプロセス（system process），またはシステムデーモン(system demon)という。

UNIXやパソコンOSでは，プロセスをさらに細分割したスレッド（thread）を最小処理単位とし，マルチタスク処理の高速化を図る。

4.3.3 ジョブ管理方式

〔1〕 ジョブ管理とは ユーザが OS に要求するひとかたまりの仕事をジョブ (job) といい，ユーザはプログラムを実行する場合はジョブ管理(job management/job control)にコンピュータの資源を要求，利用する。ジョブ管理の目的は，ユーザに対するシステム資源の割当て管理と実行制御であり，バッチ処理(batch processing)が主体である。ジョブを構成する個々の処理をジョブステップ(job step)という(**図4.13**)。

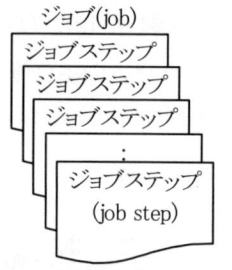

図4.13 ジョブとジョブステップ

ジョブステップは，仕事の最小単位で，通常は，1つのプログラムに割り当てられる。ジョブステップは，さらに資源を使う実行の最小単位であるタスクまたはプロセスに分割，生成(generation)される。多数のジョブを見かけ上並行処理できるマルチプログラミング環境で，現在画面上で実行中のジョブを会話型ジョブ(conversational job)，画面に現れないで，実行されているジョブを非会話型ジョブ(**バックグラウンドジョブ**: background job) という。

資源の割付指定や実行のための必要条件の設定などジョブに関する制御情報(control information)を記述する言語を**ジョブ制御言語**(**JCL**: job control language)という。JCL は，ジョブの制御を行うコマンド (command) 機能でコマンドの始まりを//,$,\などの記号で指定する。

コマンドは，キーボードからのコンピュータ操作指示やTSS端末操作時にも入力され，コマンドインタプリタ (command interpreter) で解釈され，コマンドプロセッサ (command processor) で実行され，連続処理もできる(**図4.14**)。UNIX では，**シェル**(shell)，MS-DOS では，コマンド (command.com) という。

```
// JOBC   JOB    ジョブ名「JOBC」の開始宣言
// COBOL  EXEC   COBOL プログラムの翻訳
                 :
(COBOL のソースプログラム)
                 :
// LNKCOB EXEC   リンケージエディタの実行
                 :
//EXEC LMCOB     翻訳したプログラムの実行
//PROUT DD       実行結果プリンタの割当て
                 :
/                ジョブの終了宣言
```

図4.14 JCL によるジョブの連続処理例

4.3 オペレーティングシステム 79

　コマンド列を端末装置から人手で順次入力する代わりに，頻繁に使用するコマンド列をあらかじめファイルとして作成しておき，そのファイル名の指定により，目的とするコマンド列の実行を行うマクロコマンド（**カタログプロシージャ**：catalogued procedure）機能がある。JCL は，端末から直接指示を与えることと，マクロコマンド的の両方に対応する。UNIX 系 OS Free BSD と MS-DOS は，コマンドの考え方が似ていて，ファイル操作やネットワーク関連などに利用される（**図4.15**）。

```
┌─────────────────────────────┐ ┌──────────────────────────────────────┐
│ MS-DOS シェルに相当         │ │           シェル変数と環境変数       │
│   Command.com   dir fdisk …│ │ 変数:プログラムの動作を決める        │
│ 環境設定ファイル            │ │ シェル変数:シェルの中だけで有効      │
│   Config.sys  Autoexec.bat  │ │   set         設定されているシェル変数の表示│
└─────────────────────────────┘ │   set name    シェル変数の設定       │
┌─────────────────────────────┐ │   unset name  シェル変数の設定取消   │
│ FreeBSD                     │ │ 環境変数:シェルの外,別なプログラムでも有効│
│ シェルスクリプト: sh (MS-DOS のバッチ│ │   setenv          環境変数の一覧表示 │
│            ファイルに相当)  │ │   setenv name value  環境変数の設定  │
│ ユーザが直接使用するシェル: csh tcsh│ │ unsetenv          環境変数の設定取消 │
└─────────────────────────────┘ └──────────────────────────────────────┘
┌─────────────────────────────────────────────────────────────┐
│ MS-DOS バッチファイルの例                                   │
│ @C:¥PROGRA~1¥NORTON~1¥NAVDX.EXE /Startup                    │
│ PATH=C:¥WINDOWS;C:¥WINDOWS¥COMMAND;C:¥JUST¥JSLIB32           │
│ Loadhigh C:¥WINDOWS¥COMMAND¥nlsfunc.exe C:¥WINDOWS¥country.sys│
└─────────────────────────────────────────────────────────────┘
```

図4.15 FreeBSD と MS-DOS のコマンド例

〔2〕　**処理形態とジョブ管理方式**　　ジョブ管理は，バッチ処理(batch processing)が主体であるが，バッチ以外の形態もジョブ管理に相当する機能がある（**表4.4**）。

表4.4 処理形態とジョブ管理方式

処理形態	機　　　能
バッチ処理	ジョブ管理
TSS	管理ジョブ:システム提供, TSS 全体を監視, システムの負荷制御 セッション管理…LOGIN, LOGOUT コマンドの処理 セッションジョブ:各々の端末に対応して生成 ① コマンドインタプリタ:端末からのコマンド受付け, 解釈 ② コマンドプロセッサ:利用者コマンドで指定された処理を実行 スワッピング制御
オンライン処理	資源の割当てが開始時にすべて固定的に行われる

(1) バッチ処理に特有なジョブ管理

バッチ処理に特有なジョブ管理は，ジョブのスケジュールとカードリーダやラインプリンタの共用である。ジョブは**ジョブクラス**（job class）に分けられ，ジョブクラスごとに実行の優先順位を持ち，優先度（priority）に従って実行制御がスケジュールされる（**図 4.16**）。

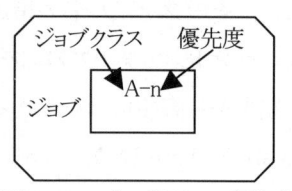

図 4.16 ジョブクラスの優先度

(2) TSS のジョブ管理

TSS では，システムの提供する管理ジョブとセッションジョブで構成され，セッションジョブは，端末からのコマンドを解釈，実行する。

〔3〕 ジョブ管理の機能

ジョブ管理のコマンド（ジョブ制御）機能は，① 利用者識別，課金の単位管理，ファイル資源の受渡しなどを目的とする「ジョブの認識とステップ(コマンド)の実行制御」，② 入出力装置，ファイル，主記憶領域などの割当て，解放を目的とする「資源の割当て管理」，③ プログラムの実行，中断，再開，終了，異常終了(アボート)を行う「ジョブ実行の流れの制御」である。オペレータからの指示によるオペレータコマンドの解釈と実行はインタプリタ方式と呼ばれ，**マスタスケジューラ**（master scheduler:コマンドプロセッサ）が実行する。ユーザからのコマンドは，コマンドをプログラム言語と同じ考えで記述されたコマンド列をまとめてジョブ制御プログラム(JCL)として実行するコンパイル方式で，ジョブスケジュールが制御する（**図 4.17**）。

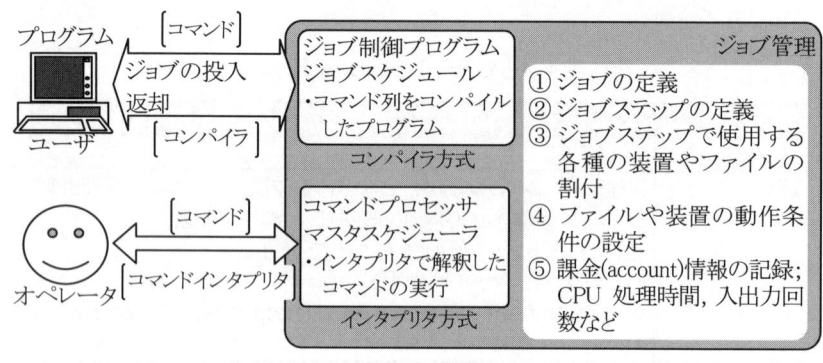

図 4.17 ジョブ管理の機能

〔4〕 **ジョブの実行管理**　ジョブの実行は、**ジョブスケジューラ**(job scheduler)が行う。ジョブスケジューラは、ジョブ制御プログラムのことで、JCLで指定されたジョブクラスと優先度に従い、待ち行列から実行すべきジョブを選択し、ジョブストリーム(ジョブステップの流れ)を制御、連続処理を行う(**図4.18**)。資源の割当ては、通常は、ステップ単位で行う。

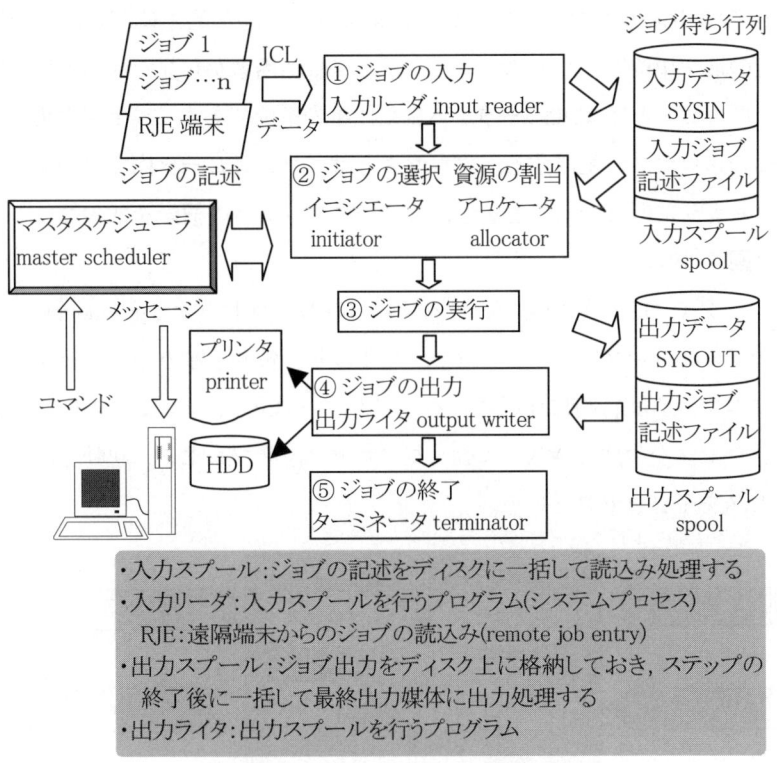

```
ジョブ1                  JCL   ①ジョブの入力              ジョブ待ち行列
ジョブ…n    ────>              入力リーダ input reader    入力データ SYSIN
RJE端末      データ                                       入力ジョブ記述ファイル
 ジョブの記述
                               ②ジョブの選択  資源の割当                  入力スプール spool
マスタスケジューラ ⇔           イニシエータ    アロケータ
master scheduler               initiator     allocator

            メッセージ          ③ジョブの実行             出力データ SYSOUT
                          プリンタ                       出力ジョブ記述ファイル
 コマンド                 printer  ④ジョブの出力
                                  出力ライタ output writer           出力スプール spool
                          HDD
                                  ⑤ジョブの終了
                                  ターミネータ terminator
```

・入力スプール：ジョブの記述をディスクに一括して読込み処理する
・入力リーダ：入力スプールを行うプログラム(システムプロセス)
　RJE：遠隔端末からのジョブの読込み(remote job entry)
・出力スプール：ジョブ出力をディスク上に格納しておき、ステップの終了後に一括して最終出力媒体に出力処理する
・出力ライタ：出力スプールを行うプログラム

図4.18　ジョブスケジューラの実行手順

　その他のジョブ管理機能として、オペレータの指示により実行中の全ジョブの終了処理を行うシステムシャットダウン機能、実行中の全ジョブの強制処理となる緊急シャットダウン機能、打切り前の状態から再開する**チェックポイントリスタート機能**がある。マスタスケジューラは、オペレータとコンピュータ間の連絡をとるためのプログラムでJCLの内容を判読したジョブスケジューラからの指示で処理する。

4.3.4 プロセス管理方式

プロセス（process）は，タスク(task)とも呼ばれ，コンピュータの処理やプログラムの実行の最小単位であり，その制御をプロセス管理(process management)が行う。プロセス管理は，システム中のプロセス状態の一元管理，プロセスの状態遷移の制御，プロセス間通信の仲介などの機能を持つ。

〔1〕 **プロセスの概念**　プログラムを実行する論理的主体で資源を使用する実行の最小単位をプロセスという。ジョブは**利用者**から見た仕事の単位であるが，プロセスとは**コンピュータ**から見た仕事の単位である。ジョブの実行は最低1つのプロセスを生成する。プロセスとは，コンピュータ内で処理する実体でプロセッサに似ていることから，ここではプロセスの概念を次の2つと定義する（図4.19）。

① ジョブやOSの処理を実行する実体（疑似プロセッサ：pseudo processor）でOSはジョブに応じてプロセスを生成し，資源を割り当て実行する。

② プログラム実行時に作成される処理の最小単位で，プロセスの中から別なプロセスを生成できる。起動したプロセスを親プロセス，起動されたプロセスを子プロセスという。

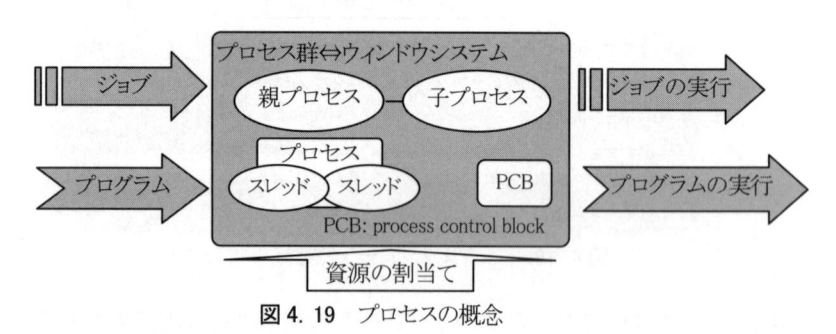

図4.19 プロセスの概念

プロセスの親子関係は，ツリー構造で，子は，親の資源や権限を引き継ぐ。必要でなくなった子プロセスの消去も親プロセスの権限である。プロセスは，たがいに独立で，異なる処理速度で見かけ上並行的に進行するため，プロセス間の同期や資源割当て制御のためには，プロセス間通信が必要である。プロセスは，さらにモジュールプログラム単位に分割されるスレッドで構成される。

4.3 オペレーティングシステム　*83*

　システム起動時のプロセス群はシステムプロセスが生成する。その他を生成するタイミングは，ユーザプログラムの構造として固定化する，ジョブの実行に伴い動的に生成する，親プロセスが必要に応じて生成する，などがある。

　プロセスの実行には，資源の割付けが必要で，スーパバイザが行う。資源は，専有資源と共用(share)資源に分類される。専有資源は，OS制御に関する制御テーブルや逐次再使用可能ルーチンなどがある。共用資源は，プログラム，ファイル，メモリなどである。ウィンドウシステムでは，複数のウィンドウやマウスやキーボードからの事象（event）の発生に伴いプロセスを生成し，ウィンドウに資源の割付けが行われる。

〔2〕 **マルチプロセス**　　1つのジョブに生成されるプロセスの数が1つの形態をシングルプロセス（single process），または**シングルタスク**（single task）という。1ジョブが2つ以上のプロセスを生成する形態をマルチプロセス（multi process），または**マルチタスク**（multi task）という。プロセスが共有するハードウェア資源には処理時間のばらつきがある。CPU資源は処理時間が短く，入出力装置（I/O）資源は遅い。CPU処理とI/O処理を並行処理させて単位時間当りの処理量を増大させる手法に**マルチプログラミング**（multi programming）がある（図4.20）。マルチプログラミングとはCPUの空き時間を他のプログラムにサービスしてシステム全体のスループットの向上を図る手法で，プログラム実行に伴い並行して走るプロセスの数を多重度という。図4.20では，CPUとI/O1，I/O2が共有資源で並行動作可能とし，プログラムAの実行にプロセスAが対応，以下，プログラムBとプロセスB，プログラムCとプロセスCが対応する例である。分割された単位時間をTSS同様タイムスライス(time slice)という。

→ 時間

プロセスA	CPU	I/O2 動作			CPU	CPU	I/O2 動作
プロセスB	I/O1 動作	I/O1 動作	CPU	I/O2 動作	I/O1 動作	I/O1 動作	
プロセスC			CPU	I/O1 動作	I/O1 動作	I/O2 動作	CPU

図 4.20　マルチプログラミングの動作

〔3〕 **プロセスの実行管理**　プロセスは次の3つの状態(state)遷移を管理する(**図4.21**)。

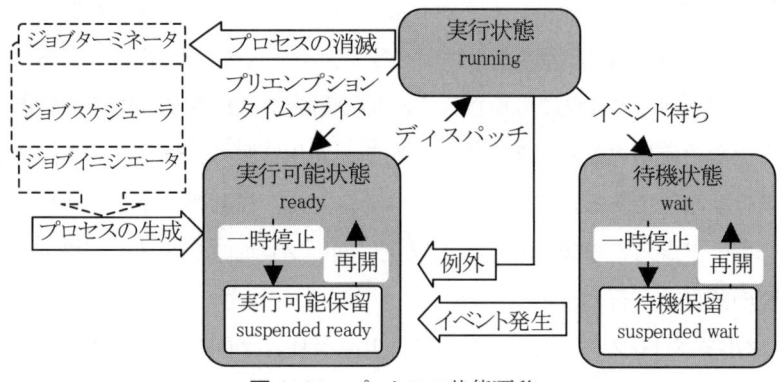

図4.21 プロセスの状態遷移

(1) 実行可能状態(ready)　CPUの割当を待っている状態で，スーパバイザがCPUの使用権を実行可能状態のプロセスに割り当て，実行中のプロセスを切り換えることを**ディスパッチ**(dispatch)，またはプロセススイッチという。ディスパッチを行うプログラムをディスパッチャという。マルチプログラミングでは，CPUの数以上のプロセスが実行可能状態にある。プロセスの数≧CPUの数である。

(2) 実行状態(running)　プロセスにCPUが割り当てられ走行中の状態である。実行状態のプロセスがCPUの使用権をとられることを**プリエンプション**(preemption)という。マルチタスクで，優先度の高いプロセスが実行可能となる場合やタイムスライスを使い切った時点で別なプロセスにCPUを割り当てる方式で，プリエンプティブマルチタスク（preemptive multitask），または協調的マルチタスクという。UNIX，Windows系OSで採用されている。一時的に実行を禁止されている状態を保留（suspend）という。仮想記憶でのページ不在の例外（exception）処理中などは実行可能保留(suspended ready)状態となる。中断された実行可能状態プロセスの再開は，中断時点から行われる。CPUで実行されるプロセスの数は，CPUの数で決まる。実行状態のプロセスの数≦CPUの数である。

(3) **待機状態**(wait)　プロセスが CPU の使用権を放棄して、イベント（事象）の発生を待っている状態である。入出力動作の終了割込み(interrupt)、マウスのクリック操作、キーボードからの入力などシステムにとって意味ある状態の変化をイベントという。プログラム実行に関連して起こる異常を例外、またはトラップ（trap）という。プログラム実行と無関係に発生するものを割込みという。

〔4〕 プロセスの生成

(1) **プロセス制御ブロック**　プロセス状態や資源管理などプロセスの管理は、プロセス制御ブロック（**PCB**: process control block）と呼ばれる制御テーブルで制御される（図 4.22）。

PCB の主な機能を以下に示す。

① 優先順位：後から到着した要求の優先処理（preemption）を制御する

② 保持/使用中資源の情報：仮想記憶空間の定義情報、スタック制御情報

③ 親/子/次 PCB へのポインタ：プロセスの親子関係のツリー（木）構造と次に実行する PCB のエントリアドレスを指定する

④ CPU レジスタの退避領域：CPU 状態の保持

⑤ プロセス状態：実行可能/実行/待機の状態

図 4.22　PCB の構成

(2) **プロセスの生成**　プロセスの生成は PCB を作成してスーパバイザにプロセス番号を返すことで行われる。UNIX fork では、プロセス実行のプログラムをすでにロードしているプログラムをプロセスとして指定できる。プロセスの消去は、子は親が、親は子の終了を確認してから自らが、スーパバイザが自動的に行う、異常時のユーザによる強制終了などがある。プロセスが暴走するとすべての操作が効かなくなる状態に陥る。

〔5〕 **プロセスのスケジューリング**　実行可能待ち状態のプロセスを最適に実行するために，どのプロセスにどれだけの期間，CPUを割り付けて実行させるかを決定することをプロセスのスケジューリング，そのアルゴリズムをディスパッチングアルゴリズムという(**図4.23**)。スケジューラがCPUの割付けを行うタイミングは，①プロセスの完了，②プロセスが事象の完了を待ち合わせ中(wait state)，③優先順位(priority)の高い実行可能なプロセスが処理装置を要求(preemption)，④プロセスが割り当てたタイムスライスを使い果たした，である。

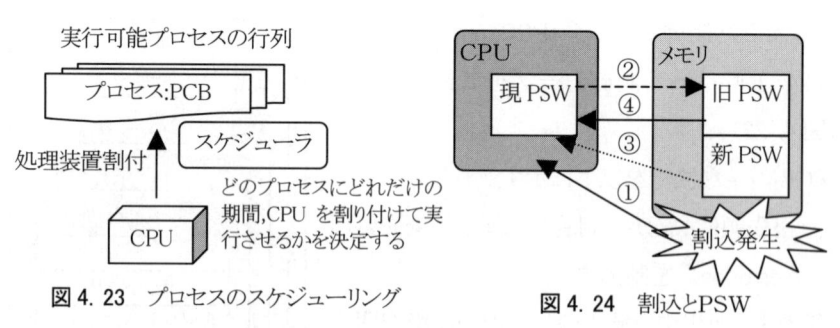

図4.23　プロセスのスケジューリング

図4.24　割込とPSW

プログラム割込，入出力割込などにおけるディスパッチの流れは，①割込が発生すると，②プログラム状態を表す現プログラム状態語(PSW)を旧PSW領域に退避した後，実行中のプログラムを一時中断し，プロセスからCPUを解放する。③新PSWを現PSWに上書きして，プロセススイッチを行う。割込原因の処理が済んだ後は，④旧PSWを元に戻して中断された時点から実行を再開する，となる(**図4.24**)。

ディスパッチングアルゴリズムの基準を下記に示す。

①公平さ・・・各プロセスが公平にCPUを共有する
②稼働効率向上・・・CPUの空き時間を最小にする
③応答時間・・・会話型のユーザの応答時間を最小にする
④ターンアラウンド・・・ユーザが出力までに要する時間を最小にする
⑤スループット・・・単位時間当りに処理可能なジョブの数を最大にする

〔6〕 **ディスパッチング方式**　I/O 処理主体のプロセスを I/O バウンドプロセス(I/O bound process)，CPU 処理主体のプロセスを CPU バウンドプロセスという。ディスパッチング方式は，CPU と I/O 処理が並列化され，システム全体のスループットの向上が最大となる必要があり，CPU バウンドプロセスの割付を最適化する方法でもある。ディスパッチング方式を表 4.5 に示す。

表 4.5　ディスパッチング方式

方　　式	特　　徴
① 到着順処理方式 (FIFO：first in first out)	・実行可能状態のプロセスの待ち順に従い割り当てる ・最も単純な方法
② プライオリティ方式	・各プロセスに優先度を持たせ，優先度の高いプロセスから CPU を割り付ける ・優先順位の高いプロセスに小さい値のタイムスライス ・優先順位の低いプロセスに大きい値のタイムスライス
③ タイムスライス方式	・各プロセスの CPU 割当時間を一定(タイムスライス値)にする ・一定時間を経過すると次のプロセスに割り当てる
④ 静的優先方式	・システム開発時，立ち上げ時に優先度を決定する ・OS のシステムプロセス，リアルタイム処理用プロセスに高い優先度を与える
⑤ ラウンドロビン方式 (round robin)	・FIFO とタイムスライスを組み合わせたもの ・各プロセスに CPU の占有時間(タイムスライス)を均等に割り付ける ・一定時間が経過すると実行中でも実行を打ち切り，実行可能状態の最後尾に回す ・TSS，パソコンで採用されることが多い
⑥ 最短ジョブ優先方式	・実行時間の短いジョブの優先度を高くする ・長いジョブが非常に遅らされるのが欠点
⑦ 多段フィードバック方式	・最初は高い優先度と短いタイムスライスを与える ・終了しない場合は，低い優先度と長いタイムスライスに漸次変更する
⑧ デッドライン方式 (deadline)	・期待される応答時間をジョブの性質に応じて与えておき，その時刻に近くなるほど優先度を高くする
⑨ ダイナミックディスパッチング (dynamic dispatching)	・CPU の使用状況に応じて動的に優先度を変更する ・CPU バウンドのプロセスの優先度を低くする

4.3.5 記憶管理方式

〔1〕 記憶管理の概念 プログラムやデータを格納する場所を記憶空間 (storage space), またはメモリ空間 (memory space) という. 記憶空間には, 格納場所を示す番地 (アドレス：address) が付けられる. データやプログラム資源を記憶空間に割り当て制御することを記憶管理 (storage management), またはメモリ管理という.

(1) 記憶空間管理の目的 プログラムのソースコードで用いる空間をネーム空間, コンパイル, リンク後のロードモジュールの空間を論理空間, ハードディスクの空間を仮想空間, プログラムが実行される空間を物理空間とする. 記憶空間の管理は, 資源管理の立場とプログラマの立場でその目的が異なる (図 4.25).

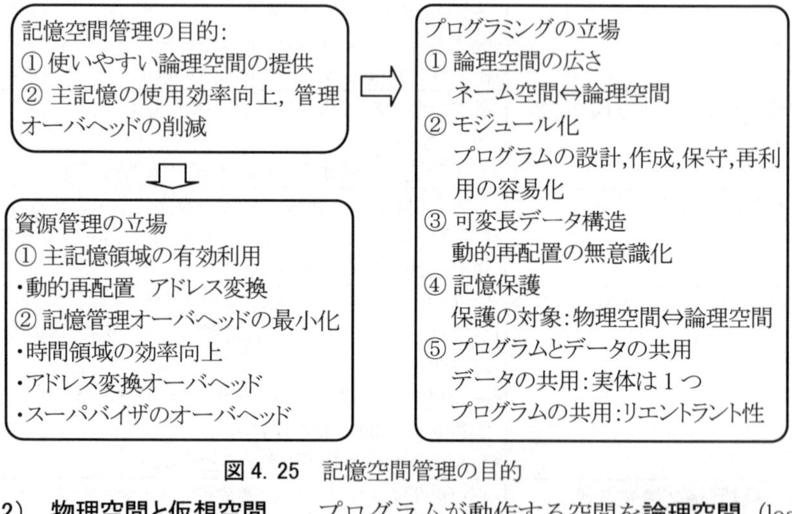

```
記憶空間管理の目的:
① 使いやすい論理空間の提供
② 主記憶の使用効率向上, 管理オーバヘッドの削減

資源管理の立場
① 主記憶領域の有効利用
 ・動的再配置 アドレス変換
② 記憶管理オーバヘッドの最小化
 ・時間領域の効率向上
 ・アドレス変換オーバヘッド
 ・スーパバイザのオーバヘッド

プログラミングの立場
① 論理空間の広さ
  ネーム空間⇔論理空間
② モジュール化
  プログラムの設計,作成,保守,再利用の容易化
③ 可変長データ構造
  動的再配置の無意識化
④ 記憶保護
  保護の対象：物理空間⇔論理空間
⑤ プログラムとデータの共用
  データの共用：実体は1つ
  プログラムの共用：リエントラント性
```

図 4.25 記憶空間管理の目的

(2) 物理空間と仮想空間 プログラムが動作する空間を**論理空間** (logical space), そのアドレスを論理アドレス (logical address), 主記憶上の物理的な空間を**物理空間** (physical space), または実空間 (real space), そのアドレスを物理アドレス (physical address), または実アドレス (real address), 補助記憶装置上の仮想的な記憶空間を**仮想空間**(VS: virtual storage), そのアドレスを仮想アドレス(VA：virtual address)という. 通常は, 論理空間と仮想空間は同じ空間を意味する (図 4.26).

| 物理空間 | ：主記憶装置上の物理的な記憶空間 |
| 物理アドレス | ：主記憶のアドレス　絶対アドレス |

記憶管理：
物理空間の容量制限をカバーするため補助記憶装置を記憶空間として活用して、コンピュータシステムの使用効率向上を図る

| 仮想空間 | ：補助記憶装置上の仮想的な記憶空間 |
| 仮想アドレス | ：プログラム実行時の仮想記憶方式のアドレス |

| 論理空間 | ：プログラマから見た記憶空間 |
| 論理アドレス | ：プログラムで用いられる論理的なアドレス |

図4.26 記憶管理の対象空間

(3) **記憶管理の機能**　記憶空間管理は，主記憶領域の有効利用を図るため仮想空間の記憶管理と物理空間の記憶管理を行う。空間どうしの間でプログラムやデータを入れ換える動作をアドレス変換，主記憶の空間に対応付けることを**写像**（mapping）という。論理空間はプログラムの構造に依存し，物理空間は，実記憶の構造，容量に依存する。記憶管理では，記憶空間の構造に対応した写像の方式を提供する（**図4.27**）。プログラムやデータをファイルとして格納する補助記憶装置（HDD）は，**バッキングストア**（backing store）と呼ばれ，一般的に仮想空間は，補助記憶装置（HDD）上に存在する。アドレス変換とは，補助記憶装置（仮想空間）に格納されたプログラムやデータを主記憶装置（物理空間）に写像することである。

プログラム実行中に物理空間の割当て（allocation）を行うことを**動的割当て**（dynamic allocation）といい，動的再配置を実現するためには，物理空間に割り当てたプログラムやデータの配置換えが必要である。この配置換えを**再配置**（relocation）という。物理空間にプログラムをロードするタイミングで物理空間の割当てを行うことを静的再配置（static relocation）という。論理空間から物理空間へのアドレス変換は，①プログラムソースコードを作成するとき，

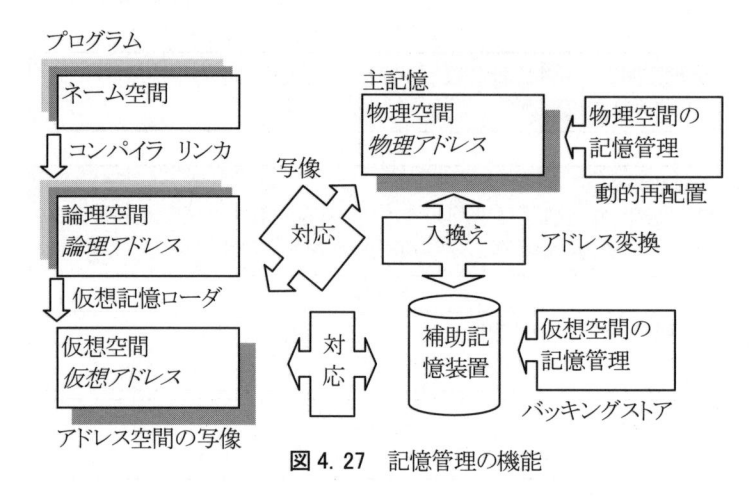

図 4.27 記憶管理の機能

（プログラム → ネーム空間 → コンパイラ リンカ → 論理空間／論理アドレス → 仮想記憶ローダ → 仮想空間／仮想アドレス：アドレス空間の写像）

（主記憶：物理空間／物理アドレス ← 物理空間の記憶管理（動的再配置）；写像・対応・入換え・アドレス変換；補助記憶装置 ← 仮想空間の記憶管理（バッキングストア））

②論理空間にロードするとき（リンク時に物理アドレスを確定），③物理空間へのロード時（静的再配置），④実行中における参照ごと（動的再配置），のタイミングで行われる．

〔2〕 仮想空間の記憶管理

(1) 仮想記憶方式とは　仮想記憶方式とは，①物理アドレスと論理アドレスの一致関係をなくし，物理空間の大きさによる制限をなくすこと，②各プログラムは物理空間の大きさによらず，全論理アドレスを使用できる手法である．仮想空間は，ページ，物理空間をブロックという単位に分割して，ページをブロックに写像する（**図 4.28**）．

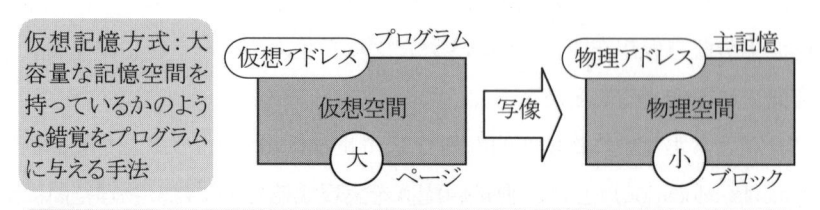

図 4.28 仮想記憶方式

仮想記憶方式：大容量な記憶空間を持っているかのような錯覚をプログラムに与える手法

仮想アドレス／プログラム／仮想空間（大）／ページ　→ 写像 →　物理アドレス／主記憶／物理空間（小）／ブロック

仮想空間：仮想アドレスの集合　仮想(論理)アドレス：プログラムによって用いられるアドレス
物理(メモリ)空間：物理アドレスの集合　物理アドレス：主記憶のアドレス

(2) ページングによる仮想記憶方式　ページングによる仮想記憶方式は，プログラマにとって透明な存在で，仮想空間を一定の大きさの**ページ**(page)に分割して，ページ単位でページと同じ大きさに分割された主記憶のブロック(block)に必要なときのみ（**オンデマンドページング**：on-demand paging という）ロードする手法である。ページの大きさは4KB程度が多く，ページアドレスは，「ページ番号，ページ内アドレス」で構成される。各ページはページ表（page table）に従い，主記憶のどの領域にも割り当てられる。ページを補助記憶から主記憶にロードすることを**ページイン**（page in），主記憶上に存在しないページをアクセスするとページ不在（**ページフォールト**：page fault）が発生し，主記憶上から補助記憶装置に追い出すことを**ページアウト**（page out），この一連の操作を**ページング**（paging）という（図4.29）。

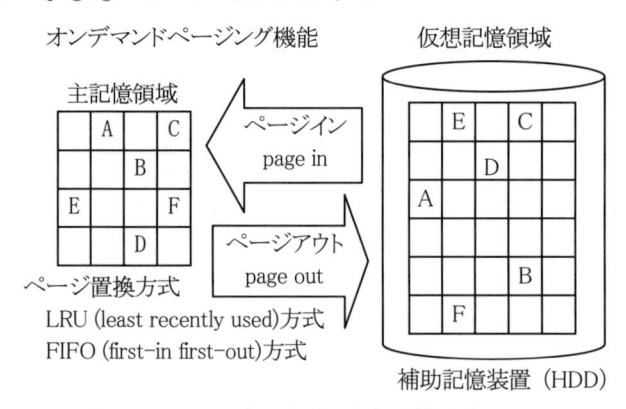

図4.29 ページングによる仮想記憶方式

ある時間内に使用されるアドレス空間の部分を**ワーキングセット**という。プログラムは主記憶のある場所を一度参照すると，その近傍は近い将来再び参照される可能性が大きく，プログラムのアドレス空間を一度に全部主記憶にロードする必要がない。この性質を空間的局所性といい，ワーキングセットが一定の時間内に再利用される可能性が高い性質を時間的局所性という。仮想記憶方式では，この性質を利用して一度にプログラム全体を割り当てるのでなく，オンデマンドページングでも実用に耐える性能を出している。

オンデマンドページング機能は，**動的アドレス変換機構**(DAT：dynamic address

translation)で実現される。仮想アドレス長をvビット, 実アドレス長をrビット, 変換の単位をページ, ページ内アドレスをpビットとすると仮想アドレス空間は, 2^vバイト, 実アドレス空間は, 2^rバイト, ページ1つの大きさは2^pバイトとなる。一般的には, 変換効率を考えて, 仮想アドレスのページと実アドレスのブロックの大きさを同じとすると, 各々の下位pビットは, ページ内アドレスで, 仮想アドレスの上位$v-p$は, 仮想ページ数2^{v-p}個を表し, そのエントリを持つ変換表が必要となる。

ところで, プログラムの実行に伴い発生するページ変換を動的に行う変換テーブルがメモリにあると, 変換ごとにテーブル参照のためのメモリアクセスが発生して, システムのスループットが悪化する。これを防ぐ方法として, メモリにあるアドレス変換テーブルの写しを一時的に保持する, 特別なアドレス変換専用のバッファを設け, 通常のアドレス変換はこのバッファを利用して, アドレス変換の高速化を図る。専用のアドレス変換バッファは**連想記憶**（associative memory）でもよいが, ハードウェア量が増えて高価であることから, **TLB**（translation look aside buffer）方式がよく使われる。連想記憶で構成した例を図 4.30 に示す。アドレス変換テーブルの参照状況はページマップで把握され, ページの使用状況, 書込み状況などをフラグで設定する。ブロック番号はページ番号に対応する変換後のブロックアドレスを指定する。使用フラグは, そのページが使用中である場合に, 変更フラグは, そのページの書換えが発生した場合に設定される。ページの大きさは 4KB 程度が一般的である。長所は断片化の問題が発生しないことである。

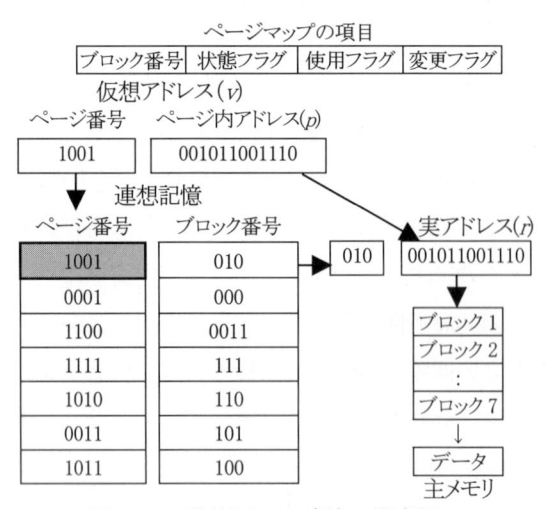

図 4.30 動的アドレス変換の構成例

(3) セグメンテーションによる仮想記憶方式　論理的にひとかたまりの情報(モジュール，データ)を必要なだけ集めて，論理空間を構成する単位を**セグメント**(segment)という。セグメントは，可変長の2次元論理空間で構成される。ページング方式では，プログラムの論理構造によらず論理空間を固定長のページ単位に分解する1次元論理空間であったため，プログラムやデータ単位での共用や動的な拡張，論理的な単位での記憶保護が制限される。セグメンテーションによる仮想記憶方式では，論理空間をセグメント単位に分割してセグメント番号とセグメント内アドレスで構成し，物理空間へ写像する(図4.31)。プログラム上意味のある情報の集まりを単位として写像する2次元アドレス方式のため，モジュール内は相対番地表示のまま残り，プログラムにはその存在がわかりやすく，セグメント番号を変更するだけで他のプロセスの論理空間で利用できる。

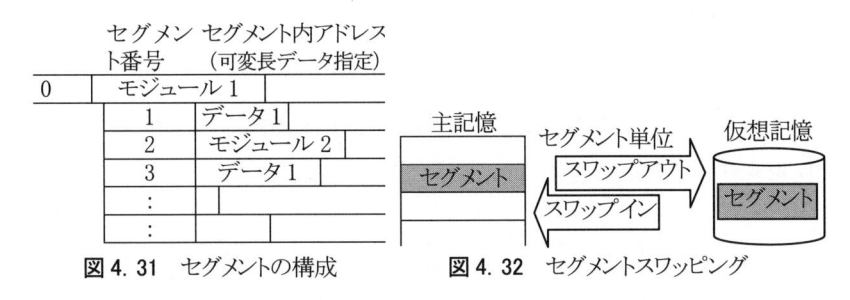

図4.31 セグメントの構成

図4.32 セグメントスワッピング

実装においての課題は，① 可変長のため，実記憶への割付けが難しく，主記憶内に隙間が発生するため主記憶の使用効率が悪い，② セグメントを2次記憶から実記憶へ転送するには，時間がかかるため，セグメントフォールトの処理時間のばらつきが大きいである。

セグメントをさらにページに分解するページ化セグメンテーションによる仮想記憶方式がある。1回のデータアクセスに対し，最大3回の主記憶アクセスが必要になり，性能上の課題がある。

主記憶と仮想記憶とのセグメントの置換をセグメントスワッピングという。主記憶から仮想記憶への転送をスワップアウト(swap out)，仮想記憶から主記憶への転送をスワップイン(swap in)という(**図4.32**)。

[3] 物理空間の記憶管理

(1) 単一連続割付 OSと1つのプログラムを主記憶の先頭から連続割付する方法で，初期のシステムや単純なマイクロコンピュータ，組込みシステムで利用される（**表4.6**）。コンパイル，リンク時に物理アドレス形式のプログラムにする必要がある。

表4.6 単一連続割付の特徴

方式	・静的写像 ・主記憶の先頭から連続割付 ・OS+1プログラム ・機械語プログラム すべて絶対アドレス ネーム空間＝物理空間
長所	・特別なハードウェアを必要としない
短所	・処理装置，記憶領域両方の利用効率が低い ・マルチプログラミングが困難 ・実記憶より大きいプログラムの実行が不可 ・プログラム修正やモジュールの流用が大変
適用	・初期のシステム ・例)MITのCTSS ・単純で，小形，安価なシステム ・最も基本的なハードウェア診断 ・単純なマイクロコンピュータ

単一ユーザプログラムのメモリへの配置法として単純なマイクロコンピュータで使用される割付例を**図4.33**に示す。

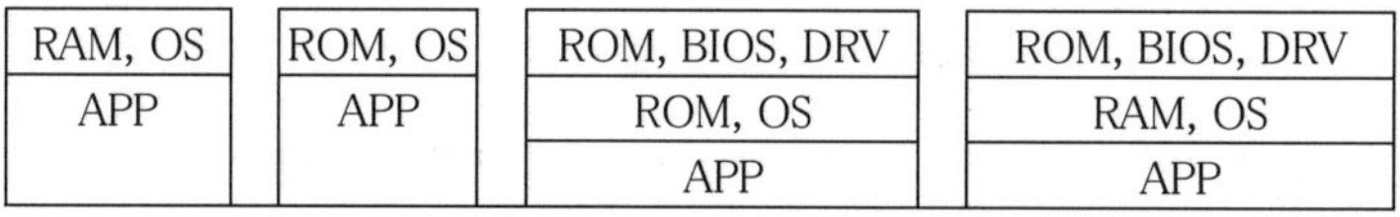

RAM, OS	ROM, OS	ROM, BIOS, DRV	ROM, BIOS, DRV
APP	APP	ROM, OS	RAM, OS
		APP	APP

APP: ユーザプログラム, DRV: デバイスドライバ
図4.33 マイクロコンピュータ割付例

(2) 分割割付 マルチプログラミングでは主記憶領域を区画(partition)に分割して利用する。主記憶上に発生する**断片化**（フラグメンテーション：fragmentation）を少なくする必要がある。分割方法には静的分割，動的分割が，割付方法には，一区画割付と二区画以上割付があり，マルチプログラミングに最適な組合せを選択する（**図4.34**）。

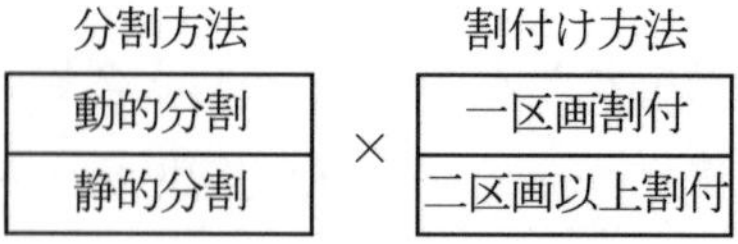

分割方法		割付け方法
動的分割	×	一区画割付
静的分割		二区画以上割付

図4.34 分割方法と割付け方法の組合せ

4.3 オペレーティングシステム

実際の方法は，(静的分割，一区画割付)，(動的分割，一区画割付)，(動的分割，二区画以上割付) の組合せが利用される．

(1) 分割割付の方式

① **静的分割割付**　主記憶を固定長区画(partition)に分割して，処理要求のあったプログラムを割り付ける．各区画は別々のユーザのアドレス空間を格納する（図4.35）．特徴を表4.7に示す．

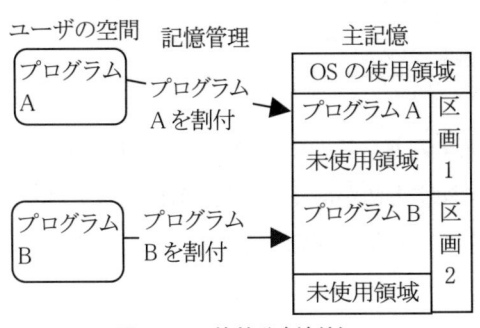

図4.35 静的分割割付

表4.7 静的分割割付の特徴

方式	・固定長区画に分割
長所	・アルゴリズムが簡単 ・断片化が発生しない
短所	・各区画に未使用領域が発生する ・記憶領域の利用効率が多少低い
適用	・比較的初期のシステム

② **動的分割割付**　記憶領域の各区画をプログラムの開始時にプログラムの大きさに合わせて決定する．可変区画方式(dynamic relocation system)ともいう．メモリ空間の使用効率が高いが多数のプログラムの開始，終了に伴い，細切れ的な不使用領域が発生する（図4.36）．特徴を表4.8に示す．

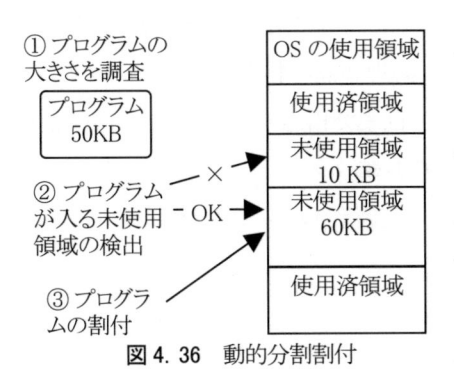

図4.36 動的分割割付

表4.8 動的分割割付の特徴

方式	・可変区画方式 ・プログラムのアドレス空間の大きさ≦区画の大きさ
長所	・記憶領域の効率的利用が可能
短所	・断片化が発生する
適用	・初期のシステム ・可変タスク数の多重プログラミング(MVT)

③ **多重分割割付**　1つのジョブに2つ以上の区画を割り付ける手法で,区画の個数が単なる分割割付より多くなる.割付,解放がジョブの実行途中でも可能である(**表4.9**).

表4.9　多重分割割付の特徴

方式	・可変区画方式　・1つのジョブに2つ以上の区画を割付ける
長所	・断片化の問題を軽減する
短所	・管理アルゴリズムが多少複雑
適用	・OS/360　VMS(可変記憶域システム)

④ **区画の選択方法**　空き区画をアドレスの小さいほうから順に探す,空き区画を容量の小さいほうから順に探す方法がある.動的分割割付で,選択の区画に余りが生じる場合は,区画を要求容量の区画と余りの2つに分割して,前者をジョブに割り付ける.

(2)　**アドレスの再配置**(relocation)　論理空間用プログラムを再配置レジスタ(relocation register)を使って割付領域内で実行できるようにプログラム中のアドレス指定に修正を加え物理空間へ写像する.再配置レジスタは,プログラムをロードする区画の先頭アドレスを示す(**図4.37**).

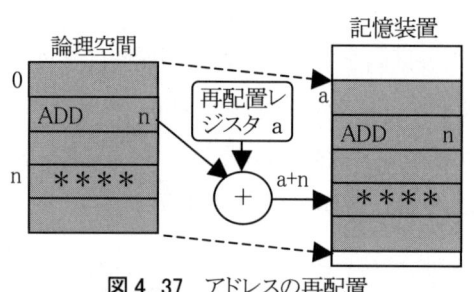

図4.37　アドレスの再配置

① **静的再配置**(static relocation)　論理空間を物理空間へロードする段階で写像を行う.プログラムはロードの直前まで相対アドレス形式である.断片化が発生する.IBMのOS/360の時代である.

② **動的再配置**(dynamic relocation)　実行中のジョブ区画のアドレス再配置を行う.

(3) **オーバレイ**(overlay)**方式**　プログラムをセグメント(segment)単位に分割して，主記憶に入りきれないプログラムを補助記憶に退避させておき，必要に応じて主記憶にロードする。主記憶の領域は，セグメントで重複利用する。**オーバレイ方式**を用いたプログラム構造をオーバレイ構造という。セグメントのロード手順を明記したものを制御表といい，主記憶上に常駐して，セグメントを制御する(図4.38)。例えば，20KBの主記憶で制御表Aが7KB，残り13KBがセグメント領域であるとする。プログラムCが実行中にプログラムDがロードされると，プログラムCにプログラムDが上書き（消去）されてしまう。

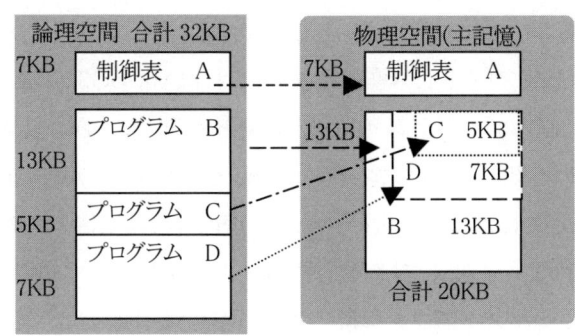

図4.38　オーバレイ方式

スワッピング方式では，オーバレイされたセグメントの内容が消去されるのを防ぐため，補助記憶装置上のセグメントをロードする前に不要になった主記憶上のセグメントの内容をいったん補助記憶装置上に待避させる。主記憶から補助記憶への退避操作を**ロールアウト**（roll out），または**スワップアウト**と呼び，補助記憶から主記憶に新しいセグメントをロードする操作を**ロールイン**(roll in)，または**スワップイン**という（図4.39）。ロールイン，ロールアウトはプロセス単位に行われる。

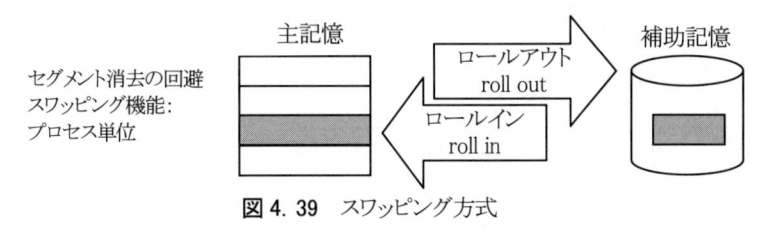

図4.39　スワッピング方式

〔4〕 **Windows の仮想メモリ**　Windows の仮想メモリは，MS-DOS ベースの Windows95 から改良されてきている。Windows95 のシステムは不安定であったが，その原因は OS 領域とユーザ領域のプロテクションに問題があったのと，ファイルシステムのひ弱さに問題があった。ここでは，Windows のメモリ管理の変遷を述べる。

(1) **MS-DOS のタスクスワップ機能**　Windows95 は，32 ビット OS であったが，カーネル部分やコマンド体系は，16 ビットの MS-DOS であった。カーネルも含めて 32 ビットとなるのは，Windows2000 以降であった。MS-DOS は，インテル社の 16 ビット 8086 プロセッサ用 OS として開発された。8086 は，アドレスは 20 ビットで最大 1MB のアドレス空間があり，これは MS-DOS の「1MB の壁」と呼ばれた。入出力制御プログラム（**BIOS**）384KB など，MS-DOS システムが多くの領域を占めるため，ユーザプログラムの使える領域は，かなり限られた領域となる。Windows95 になっても古いメモリ管理は互換性維持のため，基本的な構造は変わっていない。UNIX では HDD をメモリの延長として使用する仮想空間機能によりマルチタスク機能を提供しているが，MS-DOS は，仮想空間サポートがないため，物理空間内に複数タスクを常駐させるタスクスワップ機能を提供している。

　MS-DOS では，ユーザが使用できるメモリ空間に 1MB の限界がある。ユーザのプログラムは，メモリにロードされ実行されるが，そのプログラムが終了すれば，メモリは解放される。前のタスク情報をそのまま残して，別なタスクを処理できるようにしたのが，**タスクスワップ機能**である（図 4.40）。タスクスワップできる数は，物理メモリに依存して決まる。

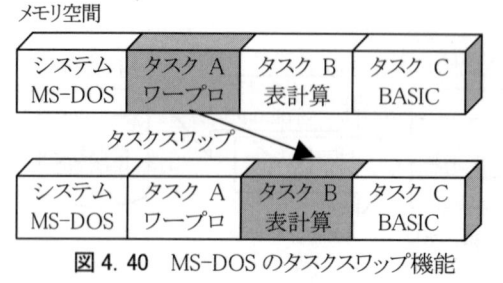

図 4.40　MS-DOS のタスクスワップ機能

(2) Windows95/98/Me の仮想メモリ

① 64KB の壁　Windows95/98/Me の OS システムは 16 ビット MS-DOS カーネルを基本としている。プログラムの動作領域を 16 ビットアプリケーション（win16 APP）と 32 ビットアプリケーション（win32 APP）領域に分離した構成である（図 4.41）。ユーザプログラムは，32 ビット空間を利用するが，カーネルはユーザプロセスの 1 つに割り付けられ，MS-DOS16 ビット空間で動作するため，システムリソースは 16 ビット（64KB）の壁を越えられない。また，win32 からは，メモリ保護の対象外となっているため，誤ってアクセスした場合はシステム障害発生の要因となる。

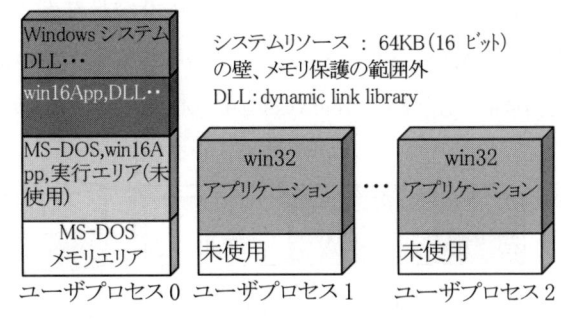

図 4.41　Windows95/98/ME のメモリマップ

② メモリ管理方式　Windows は，スワップファイルとディスクキャッシュメモリの 2 つのメモリ管理を行う。スワップファイルは，ハードディスク（HDD）を仮想記憶領域に設定するメモリの代替としての機能とアプリケーションの退避領域用常設のスワップファイルとして機能する。キャッシュメモリは，システムの高速化を図る目的で HDD のプログラムやデータの一時退避場所として機能する（図 4.42）。

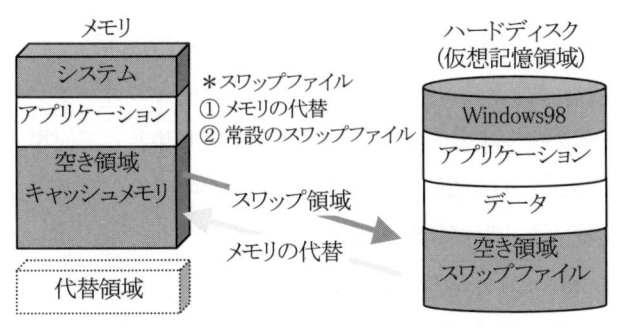

図 4.42　Windows95/98/Me の仮想メモリ

③ **スワップファイルの確保方式** スワップ機能は，一般的にプログラム実行中のタスクスイッチ操作に伴い，実行中のタスクの一時 HDD への退避と新タスクのメモリへのロード操作であるが，Windows では，プログラムがロードされた時点で自動的に不使用のスワップファイルを確保する。確保されたスワップファイルは，スワップ操作が発生するかプログラムが終了しない限り不使用の確保状態を維持する（**図 4. 43**）。ロードされるプログラムの数は，メモリ容量に比例して増加するため，メモリ容量が大きいほどより多くのスワップファイルが作成される。スワップ領域が不足すると，システムはメモリ領域不足と判断するため，Windows95/98/Me のシステム動作が不安定になる要因となる。

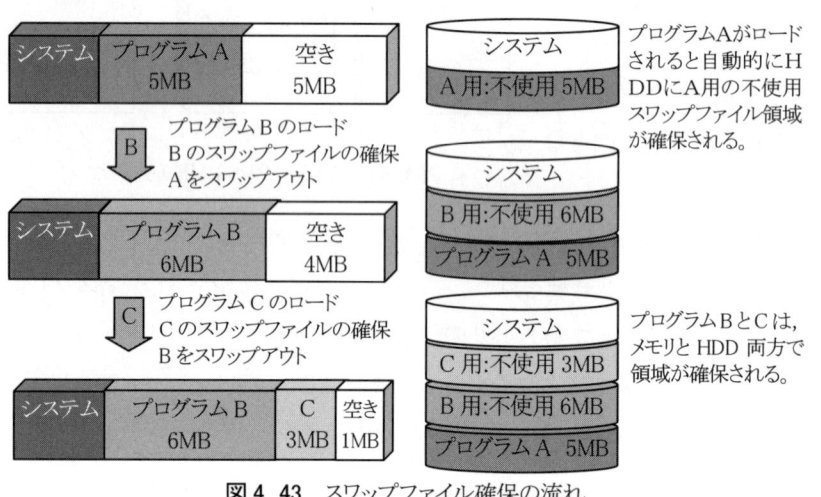

図 4. 43 スワップファイル確保の流れ

④ **キャッシュメモリ機能** メモリと HDD との緩衝記憶で，ディスクキャッシュとも呼ばれ，Windows3.1 の SMART Driver 機能としてサポートされたもので，OS がメモリの一部をディスクキャッシュメモリとして使用することができる。しかし，メモリ領域がスワップファイルかキャッシュメモリかの区別が不可能で，搭載メモリと同程度の容量のスワップファイルが HDD に作成されるため（**図 4. 43**），メモリの使用効率が下がり，システムがメモリ不足に陥りやすい要因となる。

⑤ **キャッシュメモリ機能の改良**　Windows95 はプログラムを一度キャッシュメモリにロードしておき，実行時にユーザ領域にコピーして実行する方式をとっていたが，この方式では同じプログラムがメモリ上の2箇所を占有するため，メモリの使用効率が下がる。

Windows98/Me では，キャッシュメモリにロードしたプログラムを直接実行できる方式に改良して，メモリ不足解消を図っている（**図 4.44**）。

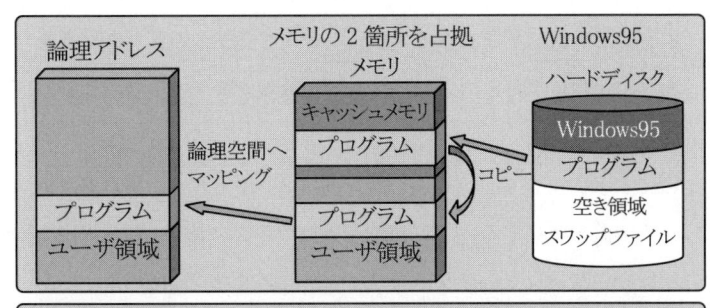

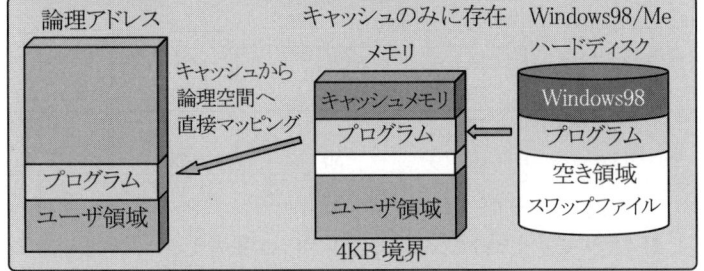

図 4.44　キャッシュメモリ機能の改良

⑥ **Windows2000 のメモリマップ**　Windows95 系統は，MS-DOS カーネルを基本としていたが，Windows2000 は，UNIX を意識した Windows NT カーネルを使用している。メモリ管理も OS とユーザ空間を分離，システム機能の 32 ビット化を図っている（**図 4.45**）。

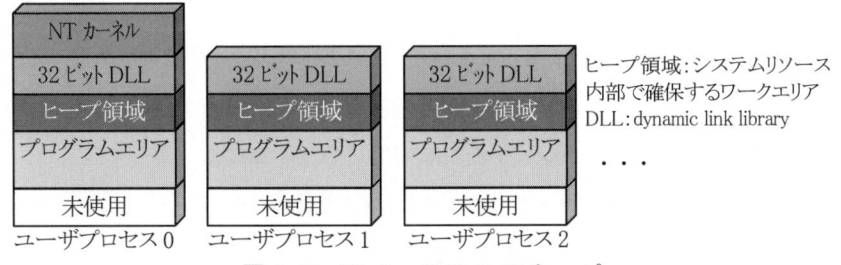

ヒープ領域：システムリソース内部で確保するワークエリア
DLL：dynamic link library

図 4.45　Windows2000 のメモリマップ

演習問題

[4.1] プログラムAとプログラムBを単独で実行したときの実行条件とCPU, I/Oの占有時間が次で示されるとする。この条件で2つのプログラムをコンピュータ1台のもとで起動したとき，プログラムBが最短で終了するのは起動の何ミリ秒（ms）後となるか。

(実行条件) プログラムの実行優先度はA>Bとする。プログラムA, Bは同一の入出力装置を使用する。CPU処理を実行中のプログラムは，入出力処理を行うまでは実行を中断されない。タスクスイッチに必要な時間は無視する。

(CPU, I/Oの占有時間) ミリ秒(ms)

プログラムA	CPU 20	I/O 30	CPU 20	I/O 40	CPU 10
プログラムB	CPU 10	I/O 30	CPU 20	I/O 20	CPU 20

[4.2] 主メモリ32MBのWindows Meマシンを考える。このシステムの仮想メモリでプログラムAが5MB, システム領域Sが10MB, プログラムBが7MB, プログラムCが3MB, プログラムDが7MBとする。プログラムAが実行されると図のように主メモリとスワップ領域（仮想メモリ）が確保される。

```
        主メモリ              HDD
A  | S:10 | A:5 | 空:17 |    | S:10 |
                              | A:5  |
```

① プログラムA→Dが順番に実行されるとき，主メモリとHDD領域確保の状態変化について図を用いて説明せよ。

② WindowsMeではメモリ容量が大きいほどより多くのスワップ領域が作成される理由を説明せよ。

[4.3] 入出力装置をスプーリングすることの利点と欠点を挙げよ。

[4.4] 待ち行列状態にあるタスクの処理方式（プロセスのスケジューリング）で優先順位方式とラウンドロビン方式について述べよ。

第5章 ファイルとデータベース

《本章の内容》
5.1 ファイルの概念
5.2 ファイルシステム
5.3 データベース
演習問題

　情報システムでは，データをプログラムで処理する形態が一般的で，データはファイルやデータベースとしてまとめて処理される。本章ではファイルとデータベースについてその概念と構成，共有のための排他制御について述べる。

キーワード：ファイルシステム，データベース，排他制御

　5.1節では，ファイルの概念と構成について述べる。

　5.2節では，ファイルやOSのファイル管理システムについて述べる。

　5.3節では，データデースとデータベース管理システムについて述べる。

5.1 ファイルの概念

ファイル (file) は，データの集合体であることから**データセット** (data set) とも呼ばれ，ユーザから見た1つの単位として扱う情報（データ）の論理的な集合単位でファイル名が付き，拡張子でファイルの種類を表す。JISでは，「情報処理の目的で，1単位として取り扱われる関連したレコードの集まり」と定義されている。ファイルは，一連の**レコード** (record) で構成され，**ボリューム** (volume)，または**ドライブ** (drive) と呼ばれるハードディスク，フロッピーディスク，USBメモリなどの補助記憶媒体に格納される。ボリュームへのアクセス単位をブロック (block) という。パソコンやワークステーションでは，ファイルの集合体を**フォルダ** (folder)，または**ディレクトリ** (directory) にまとめてグループ管理する。**ファイルシステム**の管理制御はOSのファイル管理システムまたはデータ管理システムで行われ，ユーザとの論理アクセス制御やボリュームやブロックなど物理的な記憶領域へのアクセス制御も行う（図5.1）。

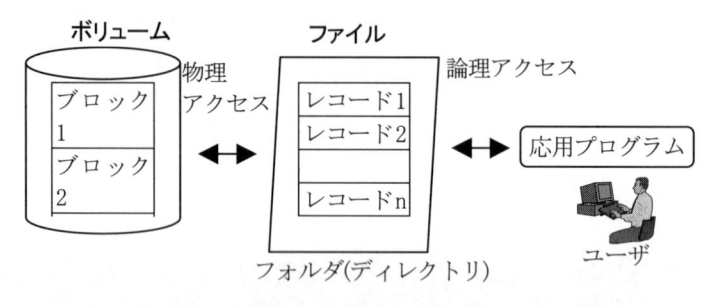

ファイルシステムの情報を記録する単位	
ファイル	ユーザ側から見たデータの処理単位
ボリューム	データを記録するための物理的な記憶媒体
レコード	プログラムで取り扱う論理的な情報の固まり
ブロック	物理的な記録の単位

図5.1　ファイルの概念

〔1〕 **ファイルの構成**　ファイルはレコードで構成されるが，レコードは文字や絵などの**項目**(フィールド：item)の集まったものである。書類にたとえると，各ページがレコードに，バインダが1ファイルに，1ページに書かれてある，文章や絵などが項目に相当する（**図5.2**）。プログラムやファイルを体系的に集めたものやその保管場所をライブラリ（library）という。ライブラリもファイルとして扱う。

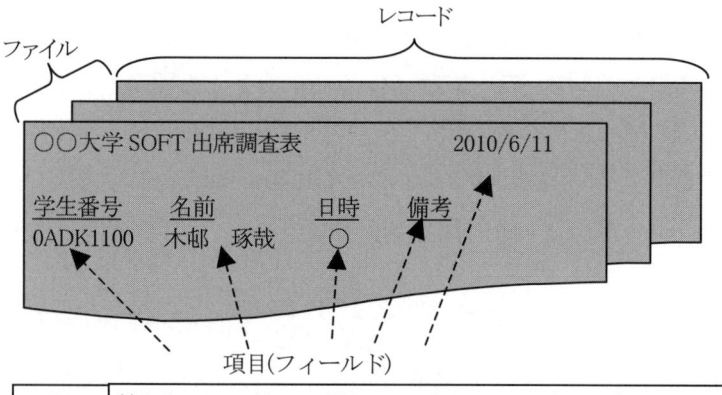

図5.2　ファイルの構成

項目	情報処理の目的で1単位として扱われる一連の文字または語の集まり
項目がいくつか集まって1単位として処理される対象＝レコード	

〔2〕 **ファイルの種類**　ファイルはその目的により以下のように分類される。

(1)　**ユーザファイルとシステムファイル**　**ユーザファイル**(user file)は，ユーザが作成するファイルで，テキスト文書ファイル(.txt)，プログラムソースファイル(.c)，実行ファイル(.exe)など拡張子でファイルの種類を表す。**システムファイル**(system file)は，オペレーティングシステム（OS）やミドルウェアなどのシステムソフトウェアが使用するファイルで，システムの運用管理に関係する。通常は，ユーザが直接システムファイルをアクセスできないように，隠しファイルや読取専用ファイルにしている。

(2) マスタファイルとテンポラリファイル **マスタファイル**（master file）は，データの変更が少なく，長期間にわたって利用されるファイルで**基本ファイル**（basic file）とも呼ばれる。システムファイルには，マスタファイルで住所，氏名，電話番号などを記憶した顧客情報ファイルや銀行の預金通帳ファイル，学生証番号，氏名，住所，生年月日などの記憶した学生情報ファイルなどがある。長期間保存されるファイルは，**永久ファイル**（パーマネントファイル：permanent file）と呼ばれる。

テンポラリファイル（一時ファイル：temporary file）は，情報処理の過程で一時的に作成するファイルで，**ワークファイル**（work file）とも呼ぶ。不要になった時点で自動的に削除される場合が多い。マスタファイルの更新，参照時に一時的に発生するファイルを**トランザクションファイル**（transaction file），または**発生ファイル**（generation file）という（図 5.3）。

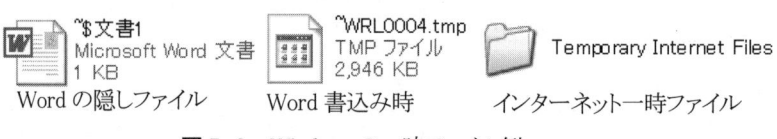

～$文書1
Microsoft Word 文書
1 KB
Wordの隠しファイル

～WRL0004.tmp
TMP ファイル
2,946 KB
Word 書込み時

Temporary Internet Files
インターネット一時ファイル

図 5.3 Windows の一時ファイル例

(3) バックアップファイル 使用中のファイルに障害が発生した場合に備え，復旧のためのデータ複製ファイルを**バックアップファイル**（backup file）という。システムのバックアップファイルは，通常システム側で自動的，定期的に作成されるが，パソコンではユーザファイルの信頼性が低いため，障害発生時に備えてユーザ側で定期的にバックアップをとる，マスタファイルとバックアップファイルは物理的に同じドライブや USB メモリに保存しないなど工夫する。

(4) ログファイル コンピュータの使用状況，時間的推移を記憶したファイルを**ログファイル**（log file）という。障害発生前の状況や負荷状況の把握に用いる。オンライントランザクション処理では，どのような状況で発生するシステムダウンも回復できるよう処理途中のファイルやデータベースの更新記録，バックアップファイルを作成した日時以降，障害が発生するまでのシステムの稼働履歴などを定期的に**ジャーナルログ**（履歴ログ：journal log）に記録する。

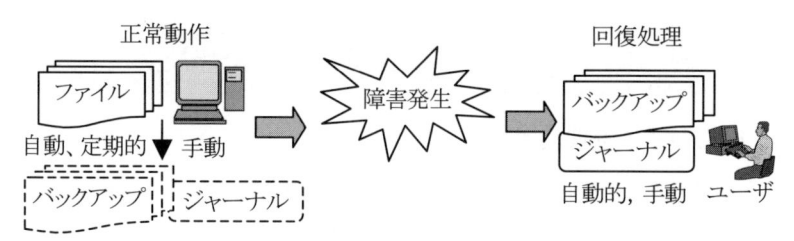

図 5.4　ジャーナル回復処理

システムダウンの回復処理（**図 5.4**）はジャーナルログを使用して行う。

〔3〕**ファイルとデータベース**　ファイルを用途別，目的別に相互に関係あるデータの集合として統合して一元管理したものを**データベース**（DB:database）という。ファイルシステムは，ファイルの識別(distinction)，登録(registration)，アクセス制御を行う。ファイル構成管理(file organization management)は，ファイル（レコード）の編成(file organization)と入出力制御(I/O control)を行う。ファイルシステムとファイル構成管理システムを合わせて**ファイル管理**(file management/library management)と呼ぶ（**図 5.5**）。Windows のファイル管理は，ハードディスクや USB メモリなどの記憶装置上のデータをファイル名で提供できるファイルとフォルダによる環境を提供する。

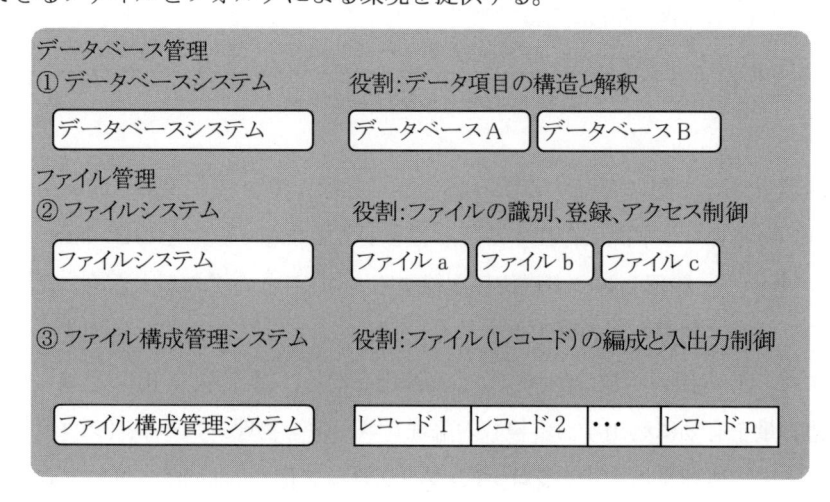

図 5.5　各システムの構成と役割

5.2 ファイルシステム

5.2.1 ファイル管理の構成

プログラムで処理するファイルやレコードを論理ファイル（logical file），論理レコード，ファイルを格納する補助記憶装置上のファイル，レコードを物理ファイル（physical file），物理レコードという。補助記憶装置には，レコードを記録できないギャップ（レコード間隙：gap）が存在する（**図5.6**）。

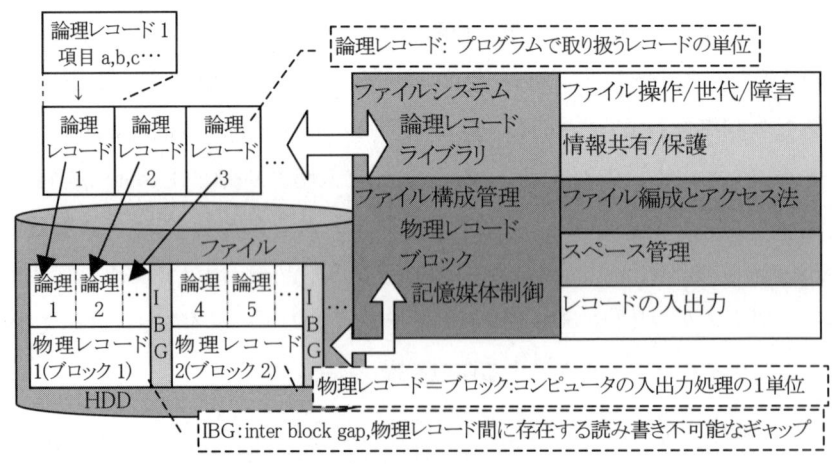

図5.6 ファイル管理の構成

論理レコード間に存在する読み書き不可能なギャップを IRG（inter record gap），物理レコード間に存在する読み書き不可能なギャップを IBG（inter block gap）という。論理レコード単位に記録すると IBG とのずれが大きく，記憶効率やアクセス効率の面の低下をまねく。IBG に合わせて，記録，処理することにより，①入出力回数の削減による高速化となる，②無駄な IBG を減らして記憶容量を有効に活用する。複数の論理レコードを物理レコード（ブロック）にまとめて処理する方法を**ブロッキング**（ブロック化: blocking），逆にブロッキングされたブロックを論理レコードに分解することを**デブロッキング**（deblocking）という。

〔1〕 **ファイル管理の目的**　ファイル管理は OS 機能の一部で，ユーザに物理的な入出力装置へのアクセスを意識することなく，論理的なアクセス手段を提供して，ファイルを中心としたコンピュータシステム内のデータを統一的に管理制御することを目的とする。論理的アクセスとは，例えば，ファイル名で，フォルダやファイルを利用できることである。構成要素は，論理ファイルを管理するファイルシステムと物理ファイルを管理するファイル構成管理システムである（図 5.6）。ファイル管理の主な目的を次にまとめる。

(1) **ファイル操作と世代/障害管理**　ファイル構造の把握，複写，ファイル名変更，検索などのファイル操作は，プログラムを介して行う場合と，GUI 環境ではユーザが直接ファイル構造の可視化，複写，ファイル名変更などを画面上のアイコン操作で直接行う場合がある。

　プログラムによるファイル操作では，プログラム作成時に，ファイルの名前，場所，サイズ等に関して，入出力装置などの種類を意識しないですむことと，プログラム実行時に，実際に使用したいファイルと結び付ける環境を提供する。

　その他，ファイルの更新や変更を記録する，ファイルの自動バックアップ，ファイルの二重化（ミラーリング）対策などを行い世代管理，障害管理，カタログ管理統計管理なども行う。

(2) **スペース管理**　補助記憶や記憶媒体の有効利用を目的にファイルの割付け，再構成を行う。ファイルに対してレコード単位での編成法や入出力手法としてファイルのアクセス法を提供する。

(3) **共有/排他制御**　マルチユーザやマルチプログラミングで共有するファイルの整合性の維持を目的に排他制御を行う。

(4) **情報保護**　利用資格者にファイルの使用を認めるなど，ファイルの不正アクセス防止などのセキュリティ対策を行う。

〔2〕 **レコードの形式**　レコードの形式には，固定長と可変長，不定長がある。

(1) **固定レコード**（fixed length record：F形式）　ファイルの中にあるレコードの長さが同じレコード形式である。レコード部をブロック化した形式をブロック固定長という。

① **非ブロック固定長**

| レコード1 | IBG | レコード2 | IBG | レコード3 | IBG | … |

② **ブロック固定長**

| レコード1 | レコード2 | レコード3 | IBG | … |

(2) **可変長レコード**（variable length record：V形式）　レコードの長さが可変で長さ情報（L：レコード長）を指定した形式である。

① **非ブロック可変長レコード**　B：ブロック長　L：レコード長

| B1 | L1 | レコード1 | IBG | B2 | L2 | レコード2 | IBG | … |

② **ブロック可変長レコード**　B：ブロック長　L：レコード長

| B1 | L1 | レコード1 | L2 | レコード2 | L3 | レコード3 | IBG | … |

(3) **不定長レコード**（undefined record：U形式）　レコードの長さが可変で長さ情報がない形式である。

| レコード1 | IBG | レコード2 | IBG | レコード3 | IBG | … |

〔3〕 **レコード長とブロック長との関係**

① **レコード長＝ブロック長**

| レコード1 | レコード2 | レコード3 | … |

ブロック内レコードが収まる。

② **レコード長の和＜ブロック長**

| レコード1 | レコード2 | レコード3 | 空き | … |

ブロック内に空きができる。

③ **レコード長の和＞ブロック長　わたり形式レコード**

| レコード1 | レコード2 | レコード3 | レコー | | ド4 | レコード5 | … |

ブロックをまたがってレコードを格納する。

5.2.2 ファイル管理方式

記憶媒体でのファイル管理は，1単位であるボリュームまたはドライブ単位で行う。ファイルシステムをファイルとファイルを集めたファイル群であるディレクトリ（フォルダ）とその管理情報（**カタログ**：登記簿）で構成し，管理する方式を**カタログ管理方式**（ディレクトリ管理方式）という。ファイルを一括して扱うため，共用，機密保護，コピー，削除，検索，世代管理なども容易となる。構成方法は，次に示す木（ツリー）階層構造(hierarchical structure)である。

| ルートディレクトリ |― | ディレクトリ |― | ファイルエントリ |― | ファイル |

先頭のディレクトリを**ルートディレクトリ**といい，Windowsでは，Cドライブのことである。ルートディレクトリの下にファイルが直接入る構成やディレクトリの下にディレクトリが入る構成もある。ファイルエントリは，ファイル名や日時，ファイルサイズ，ファイルの先頭場所などが格納されて，1つのファイルに1つある。図5.7にディレクトリ構成例を示す。ディレクトリからファイルへの経路をパスといい，ファイルの位置は，パスで表す。図で（C:¥v¥x¥b）はファイルbのパスがCドライブ（親ディレクトリ）下のvフォルダ（子ディレクトリ）内のxフォルダ（孫子ディレクトリ）であることを表す。現在アクセス中のディレクトリを**カレントディレクトリ**といい，カレントディレクトリとの相対的な位置関係を相対パス，ルートディレクトリとの位置関係を絶対パスという。例えば，カレントディレクトリがvディレクトリの場合，その下のxディレクトリは子ディレクトリで，vディレクトリは親ディレクトリとなる。

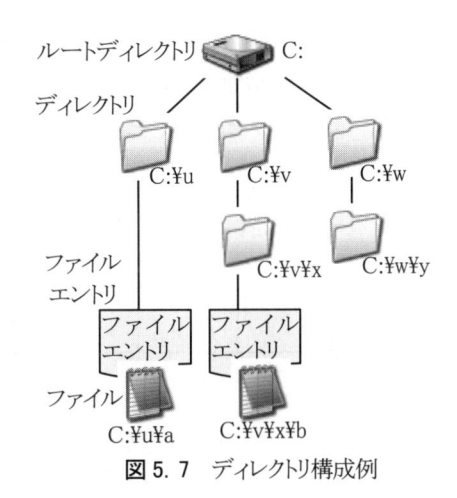

図5.7 ディレクトリ構成例

〔1〕 **汎用機**　汎用機では，**VTOC**（volume table of contents）とカタログ（登録簿）でボリューム上のファイル管理を行う。ボリュームは，ディスクパック（磁気ディスク装置の媒体），磁気テープ，FDD，DASD（直接アクセス装置）などの記憶媒体で，一般的に次の構成をとる。

ボリューム volume ― シリンダ cylinder ― トラック track ― セクタ sector

ディスクボリュームの0シリンダ，0トラック，3レコードには，ボリュームの識別名（媒体名）とVTOCの先頭アドレスを示すポインタ（開始位置）情報を含むボリュームラベルが設定されている。ボリュームラベルのポインタで指定される領域にファイル領域の管理テーブルVTOCが存在する。VTOCは，ファイル名，日時，保存期間などの管理情報を含む固定長のレコードファイルで，ファイルラベル（**DSCB**：data set control block）と呼ばれる（**図5.8**）。

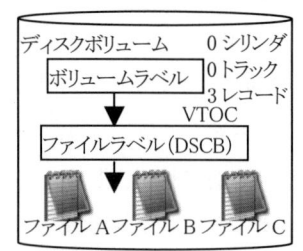

図5.8　VTOCファイル管理

〔2〕 **UNIX**　UNIXは，ディレクトリ方式のファイル管理であり，ファイル管理部を**iノード**という。UNIXでは，ファイルをバイトの列として扱い，ディレクトリとファイルは，エントリ情報としてiノードが付属する。ディスクボリュームは，n個の論理ボリュームで構成され，論理ブロックは，1KBのブロックに分割される。ブロック1は，**スーパブロック**と呼ばれ，論理ボリューム管理表がある（**図5.9**）。ブロック2からiノード列(iリスト)が続き，残りがデータ領域となる。UNIXのファイル領域は，すべて固定長である。

ブロック0	ブロック1	ブロック2 iノード0	ブロック3 iノード1	...	ブロックn iノードm	ブロックn+1	...	ブロックx
ブート用プログラム	スーパブロック	iリスト				使用可能なブロック（データ領域）		

図5.9　iリストの構成

〔3〕 Windows　Windows のファイル管理は，ディレクトリ方式で，管理情報は **FAT**(file allocation table)，または **NTFS**（NT file system）とエントリである（表 5.1）。ディスクボリュームをドライブ，ディレクトリをフォルダ（folder）と呼ぶ。ルートディレクトリは，通常 C ドライブで，OS がインストールされる。

パソコンのファイルシステムの特徴を以下に示す。

① FD（floppy disk / flexible disk），HDD（hard disk drive）中心
② 階層化されたディレクトリ（フォルダ：folder）　¥Windows¥data
③ クラスタ単位：レコードの概念がない。データ，プログラムを 1 ファイル扱いで，ファイル名に日本語の使用可
④ 順次アクセスと直接アクセス（相対レコード番号）のみサポート

表 5.1　FAT

パーティションサイズ	クラスタサイズ	
	FAT16	FAT32
0MB〜32 MB	512 B	512 B
32 MB〜63 MB	1 KB	512 B
64 MB〜127 MB	2 KB	512 B
128 MB〜255 MB	4 KB	512 B
256 MB〜511 MB	8 KB	4 KB
512 MB〜1023 MB	16 KB	4 KB
1024 MB〜2 GB	32 KB	4 KB
2 GB〜8 GB	非対応	4 KB
8 GB〜16 GB	非対応	8 KB
16 GB〜32 GB	非対応	16 KB
32 GB〜	非対応	32 KB

ハードディスクの中はクラスタ単位に分割され，ファイルエントリにはファイルを構成するクラスタの先頭番号が保持されている。図 5.10 では，クラスタ番号が 6 となっていて，FAT の 6 番には 4 番があり，4 番には，2 番がある。ファイルのチェーン（繋がり）状態を FAT は表している。

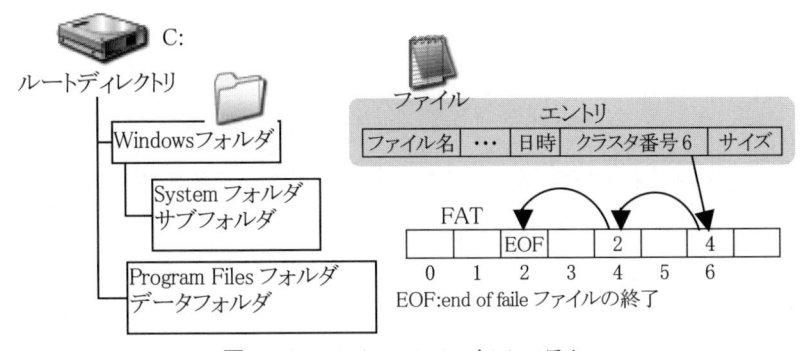

図 5.10　Windows のファイルシステム

〔4〕 **ファイルの記憶領域の管理**　記憶領域の割付は分割割付が行われるが，データの長さを一定のブロックとする固定サイズ分割法と，割付長さを可変とする連続領域分割法がある。

(1)　**固定サイズ分割法**　UNIX や Windows で用いられる方法で，ブロックどうしの連鎖(chain)を管理テーブルで指定する。UNIX では 1 ブロックを 1 ビットで表現したビットマップで管理，Windows では空き領域とファイル構成順序の双方を FAT で管理する。FAT は，ハードディスクのセクタ領域をクラスタ単位で固定長に分割した管理テーブルで，Windows95 当初は FAT16 で 1 パーティションサイズ最大 2GB であったが，その後 FAT32 に拡大している。例えば 6KB のファイルを FAT16 に割り当てると 32-6＝26KB の空き領域発生に対して，FAT32 では，2GB のクラスタサイズが 4KB となり，2×4－6＝2KB の空き領域発生でハードディスクの使用効率が拡大された。FAT32 の利点は，最大パーティションの拡大，ディスク利用効率の拡大，CPU のページング最適化である。

(2)　**連続領域（エクステント extent）分割法**　事前に空き領域を探し，大きな連続領域で確保する。連続領域の単位はシリンダやトラックである。直接編成ファイル向きであるが，断片化が発生するため，ファイル領域の再配置やガーベージコレクション（ファイルの最適化）が必要である。汎用機の OS で利用されている。

(3)　**固定サイズ分割法と連続領域分割法の比較**　両者の比較を**表 5. 2** に示す。

表 5. 2　固定サイズ分割法と連続領域分割法の比較

	固定サイズ分割法	連続領域(エクステント)分割法
OS	UNIX, MS-DOS, WinXP, WinVista	汎用機の OS
長所	領域の利用効率が良く，ファイル拡張の柔軟性大。順次編成ファイル向き	アクセス速度が速い 直接編成ファイル利用が可能
短所	ブロック動作ごとにシーク動作が入るため大量のデータ転送時は大幅な速度低下 直接編成ファイルに不向き	管理が複雑 領域の利用効率に問題あり

〔5〕 ファイル入出力の管理法

(1) 割付け方式　　入出力装置の割付方式には，専用，共用，仮想割付の3種類がある（**表 5.3**）。APR(alternate path retry) は，障害が発生した場合に別経路を選択して再試行する方式で，分散データベース，ハードディスク制御などに応用される。　DDR (dynamic device reconfiguration)機能は，障害が発生した時点でシステム構成も含めて動的に再構成する方式で，RAID 方式のミラーディスクで障害ディスクを自動切り離し，再構成するなどがある。

表 5.3　入出力装置の割付方式

種類	内容	適用例
専用割付	装置を唯一のジョブに割り付ける	小規模システム使用頻度の低い/低速システム　プリンタ
共用割付	2つ以上のジョブで共用 情報保護，排他制御が必要	LAN DISK、分散データベース HDD, FDD, MO
仮想割付	スプーリング：spooling	プリンタ

(2) スプール機能　　仮想割付は，スプール機能として実現されている（図 5.11）。**スプール**（SPOOL：simultaneous peripheral operation on-line）**機能**とは，処理プログラムの主記憶装置上での占有時間の短縮を行い，マルチプログラミングでのスループット向上を目的に低速の入出力装置のデータをハードディスクなど高速の大容量ディスクに一時的に記憶させ，出力処理を異なる時間で改めて行う処理方式である。ファイルを出力（印刷）する場合に使用されている。

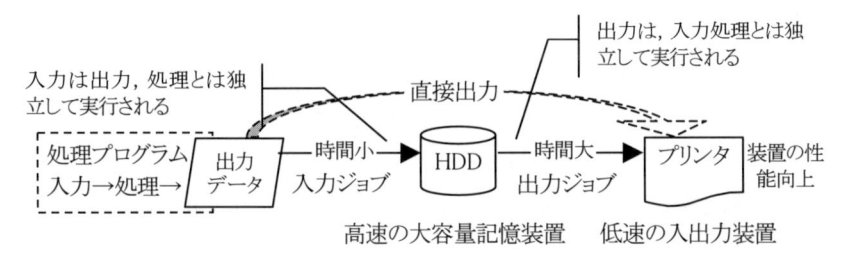

図 5.11　スプール機能

5.2.3 ファイル編成

ファイル内の論理レコードの配列方式をファイル編成(file organization)という。ファイルの構成管理では，ファイル内の構成をレコード単位で行う。UNIXではファイルをバイトの列ととらえ，OSではファイル内部の構造化をサポートしていない。UNIX, MS-DOS, Windowsでは，レコードの考え方がなく，ファイル編成をサポートしていない。ファイルは記録の順番に従って取り出す順次編成ファイルのみのサポートで，その他の編成ファイルは，アプリケーション側で対応する必要がある。汎用OSではファイルは論理レコードの集まりであり，レコードはフィールドに分割される(図5.12)。

学生証番号	氏名	成績	性別	学科	…	…	…
フィールド0	1	2	3	4	…p	フィールド0…x	フィールド0…y
論理レコード0　ファイル0						論理レコード1　… ファイル m	…論理レコード n

図5.12　ファイル編成

(1) 順次編成ファイル　順次編成（SAM：sequential access method）は，特定の項目をキーに順番（昇，降順）に並べるファイル編成でファイルをレコードの構成順序に従い，単純に並べて記録する（図5.13）。ファイル内のレコードの多くを処理対象としてまとめてハードディスクに記録する場合は使用効率が良く，記録速度も高くなる。ファイルの先頭から順にアクセスするため，最後に近いレコードほどアクセス時間が遅くなる。途中のレコードの変更，追加

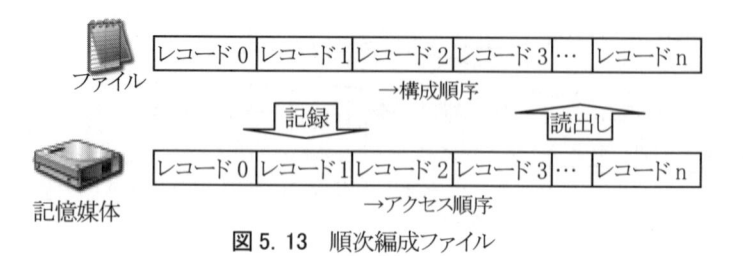

図5.13　順次編成ファイル

でもファイル全体を処理しなければならない。磁気テープ装置は，機構的に順次編成ファイルである。

(2) **直接編成ファイル** 直接編成（DAM：direct access method）は，レコード内の特定のキーを基にアドレス変換を行い，記憶場所のアドレスにすることにより，そのレコードを直接アクセスできる編成ファイルで**ランダム編成**（random access method）とも呼ばれる。アドレス変換には，直接方式と間接方式がある。直接方式は，レコードのキー項目を記憶番地として使う。記憶領域に空きができ，効率が下がる場合がある。間接方式は，例えば，トラック総数に近い素数でキー項目の除算を行い相対アドレスにする除算法，キー項目を1から9までの基数で展開して相対アドレスにする基数法，キー項目を2つ以上に分割して加算した値を相対アドレスにする重ね合わせ法，などがある。

(3) **索引順次編成ファイル** 索引順次編成（ISAM：indexed sequential access method）は，レコード内の特定のキー値に索引をつけ，キー値の入った索引表から目的のレコードをアクセスする。索引順次編成ファイルは，索引領域，順次編成ファイルを基本とする基本データ領域，オーバーフロー領域で構成される。オーバーフロー領域は，基本データ領域からあふれる新規レコードの記録領域で各シリンダに空領域として用意される。

(4) **区分編成ファイル**（partitioned access method） **区分編成**はメンバと呼ばれるサブファイルからなる。メンバごとに登録簿(directory)があり，メンバ単位でのアクセスが可能である。

(5) **仮想記憶編成ファイル** 仮想記憶編成（VSAM：virtual storage access method）は，編成ファイルプログラムをセグメント単位に分割して，実行中以外のファイルをディスクに待避しておき，必要に応じてメモリにロードする編成ファイルで，メモリ容量以上のプログラムを仮想的に実行可能とする。

5.3 データベース

5.3.1 データベースとは

データベースとは，ファイルを用途別，目的別に相互に関係あるデータの集合として統合，一元管理化したもので，データベースを管理，利用するソフトウェアを**データベース管理システム**（DBMS：data base management system）という。ファイル操作は，OSやアプリケーションプログラムに依存した存在であったが，データベースはデータベース操作，検索はDBMSを介して行われ，ファイルの変更履歴管理も行う。データベースに障害が発生した場合でもその原因を発見し修復できる。パソコンやインターネットの普及でデータベースは，音声や画像なども扱うように多様化していて，使用形態はネットワークや共有を前提としているためセキュリティ対策や分散機能化が求められる。

ファイルシステムは機種やOS，アプリケーションプログラムへの依存度が高いため，ファイル変更に伴いプログラムも修正する必要性が生じる，ファイル変更の即時性，柔軟性の欠如，ファイルが重複する，ファイルが分散され機密性が低い，などに対応することがデータベース化のねらいである（表5.4）。

表5.4 データベース化のねらいとファイルとの比較

データベース化のねらい データベース管理システム(DBMS)	ファイル ファイル管理
①データの共有：多くの利用者，複数の応用プログラムで共用されることを前提としたデータの集合単位	特定の利用目的，応用プログラムに従属する局所的なデータの集合体
②データの独立：データの構造や属性が変わっても，応用プログラムの変更が少ない	ファイルの定義や保守は応用プログラムに従属する
③データの統合管理：データはシステム全体で，重複なく効率良く統合管理される	異なるファイル間での重複が多く，関連は利用者の判断に委ねられる

5.3.2 データモデル

データベースの論理的構造はデータ間の関係の付け方を表すもので，データモデル(data model)，またはデータ構造(data structure)という．

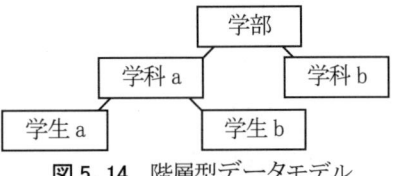

(1) 階層型データモデル　階層型データモデル(hierarchical data model)はデータ間の関係をツリー構造で表現したもので，ツリー型データモデル(tree data model)ともいう．データの基本はファイルと同じレコードで複数タイプのレコード構成も可能である．階層の上位を親，階層の下位を子と呼び，最上位のレベルのレコードを根(ルート)，その他を従属レコード，または節と呼ぶ．最も古いデータベースで IBM 社の IMS (Information Management System)が代表的である（図 5.14）．

図 5.14　階層型データモデル

(2) ネットワーク型データモデル　ネットワーク型データモデル(network data model)は，レコードが基本であるが，レコード間を自由に結び付けた構造である（図 5.15）．レコード間の関係をセット(set)と呼ばれる親子集合で親レコードをオーナ(owner)，子レコードをメンバ(member)と呼ぶ．代表的な例は COBOL で使用される CODASYL 型データベースがある．

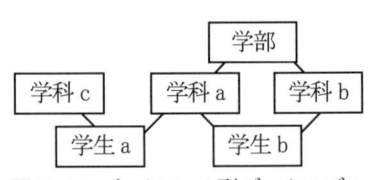

図 5.15　ネットワーク型データモデル

(3) リレーショナル型データモデル　非構造型データベース(nonstructural database)でレコード間の関係を意識する必要がなく，データの集合を表形式(リレーション relation)で表現する（図 5.16）．

リレーショナル型データベース(RDB : relational database)は，選択(selection) 射影(projection) 結合(joint)の基本機能を持つ．

属性(attribute) or 列(column)

氏名	学生番号	学部	出席日数
山田	JEE890	情報	20
中村	JEE891	電子	18

組(tuple)

図 5.16　リレーショナル型データモデル

5.3.3 スキーマアーキテクチャ

データベースは，ユーザ側から見た論理データ構造と実体のあるファイルシステムに対応した物理データ構造や操作法などで構成される。データベースの論理データ構造や物理データ構造，データの意味，操作方法の定義などを記述，表現したものを**スキーマ**（schema）という。代表的スキーマには，米国規格協会（ANSI）が提唱した3層スキーマとCODASYLが提唱した2層スキーマがある。3層スキーマは，データモデルの構造に関する記述で，①外部スキーマ（external schema），②概念スキーマ（conceptual schema），③内部スキーマ（internal schema）で構成される。（**図5.17**）。

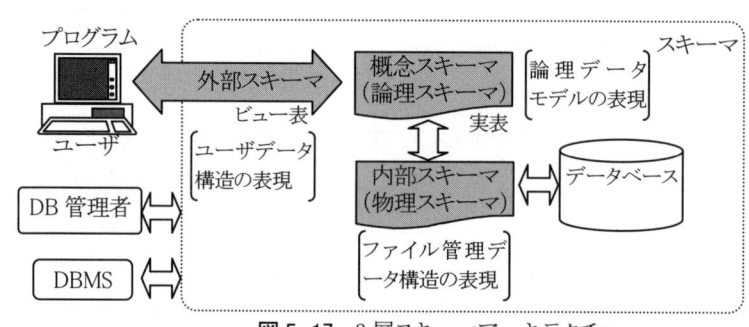

図5.17　3層スキーマアーキテクチャ

① 外部スキーマとは，ユーザ側から見たデータ構造を表現したもので，データの抽出，加工，組合せ方法，データベースを操作するための記号やデータの指定方法などの表現や記述である。例えば，RDBの場合は外部スキーマで表現した表でビュー表という。ユーザは，外部スキーマを介してデータベースを利用する。

② 概念スキーマは，データベースの論理データ構造に合わせて表現することで，論理スキーマ（logical schema）ともいう。例えば，RDBの場合は，表としてデータを表現することである。

③ 内部スキーマは，ハードディスクとのデータアクセスやファイル管理に関する記述で，物理スキーマ（physical schema）ともいう。

5.3.4 データベース管理システム

データベース管理システム（DBMS）は，ユーザが定義する論理データ構造と記憶装置上の物理データ構造との対応をとるユーザインタフェースを提供する。主な機能は，データベースの定義と操作とデータベース制御である（図5.7）。

〔1〕 **データベース定義操作機能**　データベース定義機能は，データベースの作成，変更機能で，スキーマの記述を行う**データ記述言語**（DDL：data description language）がある（図5.18）。

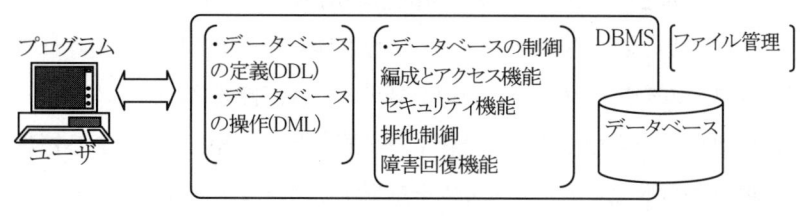

図5.18　データベース管理システムの機能

データベース操作機能は，データベースのデータの読み書きを行う機能で，データベースの構築（creation），再編成（reorganization），再構成（reconstruction）を効率良く行う。データベースの構築は，データベースを最初に作成することで，再編成は，内部スキーマを変更することなくデータの物理データ構造を変更することで，冗長データの削除や高速デバイスへの経路変更などを行う。再構成は，ユーザの要求で変更したスキーマに従い，物理データ構造を変更することである。データ操作言語（DML：data manipulation language）があり，既存の手続き型言語COBOLやFORTRANなどに機能を組み込む親言語方式と，データベース操作専用言語とする独立言語方式がある。

例えば，**SQL**（structured query language）は，RDB専用の非手続き言語（non-procedural language）で，RDBの定義，操作機能を持ち，独立言語として会話型に使用される会話型(conversational)SQLと親言語（COBOL，FORTRANなど）で書かれたプログラムの中で使用される埋込型(embedded)SQLがある。

〔2〕 **データベース制御機能**　　障害回復処理，ネットワークでの共有，データの不正アクセス防止，セキュリティ機能などである。障害回復処理は，データベースに障害が発生した場合に，バックアップファイルやジャーナルファイルを使って正常な状態に回復する処理を行う（**図 5.4** 参照）。障害前の正常な状態に戻すことを**ロールフォワード**，更新などの処理が途中で中断された場合，中断前の状態に戻すことを**ロールバック**という。セキュリティ機能は，利用者を特定する ID とパスワード登録機能，ファイルの内容を暗号化する機能などである。

〔3〕 **ファイルとデータベースの共用と排他制御**　　ファイルやデータベースは，ファイルサーバや分散データベースなど様々な共用環境で利用される。ファイルシステムやデータベース管理システムでは，複数プログラムやユーザからの同時処理を矛盾なく参照，更新する必要がある。競合状態にある複数のアクセス要求から唯一のアクセス要求を選択するサービスを提供することを排他制御（mutual exclusion），または相互排除という。排他制御とは，一時には 1 つの要求にしかアクセスサービスを割り当てない制御をいう。共用の対象となる単位は，ボリューム，ファイル，ブロック，レコード，データベース，LAN DISK など扱う範囲は広いが，基本的な制御は共通である。

（1）**レーシング**　　例えば，マルチプログラミング環境では，ユーザに一定時間のみ処理を提供するが，ユーザから見ると処理は，連続して見える。同じファイルを異なるユーザがアクセスすると各々の処理は異なるタイムスライスで行われるため，時間関係により結果が異なる。このような状態を**レーシング**（racing）という。レーシングとは，複数の要求が同一の資源を共用して処理を行うと，実行の時間関係によって結果が一義的に定まらない状態をいう。

排他制御は，レーシングが起きないように共有資源をアクセスするユーザ間の同期をとることであり，プロセス管理のシステム資源の排他制御やプロセス間同期制御，ファイルやデータベースの共有資源にも利用できる。

例 5.1　レーシング（座席予約システム）

座席予約システムは，予約状況ファイルで管理し，予約処理の手順は，予約状況ファイルに空きがあるかどうか調べ，空きがあれば座席を予約するシステムである（図 5.19）。A (1) は，更新処理 A が空き座席を探す処理，A (2) は，更新処理 A が座席を予約する処理で，更新処理 A と更新処理 B が同時に予約状況ファイルをアクセスする処理の流れは，時間経過に沿って

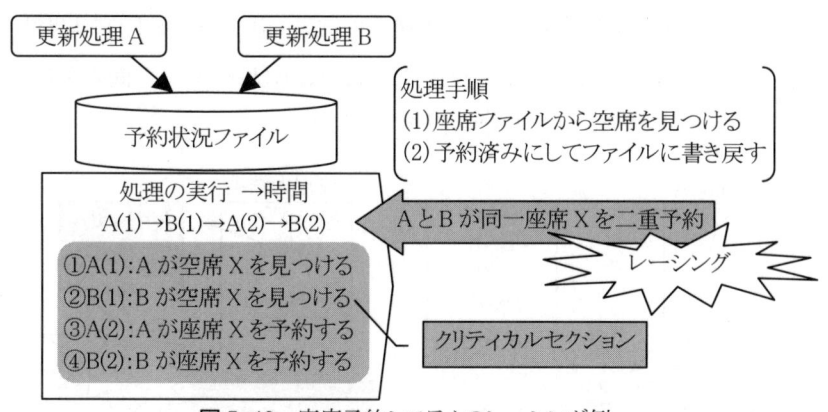

　　A(1)→B(1)→A(2)→B(2)

で表される。

図 5.19　座席予約システムのレーシング例

A (1) では，空席 X が見つかるが，ファイルを読み込み検索を行うだけで，予約更新は行われないので，B (1) で更新処理 B も同時に空席 X を見つけてしまう。次に A (2) で更新処理 A が予約済み更新を行うが，更新処理 B も既に空席 X の空きを確認済みなので，B (2) で予約済み更新を行い，予約状況ファイルには，更新処理 B の結果が最終的に残る。B (2) →A (2) となった場合は，最終更新記録には，A の結果が残り，競合状態により，予約状況ファイルの結果が一意に決まらなくなる。

レーシングとなった原因は，処理 A (1) と処理 A (2) の間に処理 B (1) が入ったことである。処理 A (1) と処理 A (2) の手続き部分は，排他的な処理が必要で，**クリティカルセクション**(critical section)という。クリティカルセクションとは排他的に実行を行わなければならない手続きをいう。

例 5.2 レーシング（プリントシステム）

　ラインプリンタは，1 行単位で印刷処理を行う高速プリンタである。1 行分のプリントバッファを持つラインプリンタを共有したプリントサーバシステムにファイル A とファイル B のデータを同時に印刷する（図 5.20）。A(1)，B(1) 処理の後，B(2)→A(2) でファイル A の 1 行分のデータ「あいうえお」とファイル B「abcd」が同時にファイルサーバに送られプリントバッファには最後に受け付けたデータ「あいうえお」が書き込みされ印刷される。プリントサーバは，プリントバッファを解放し，次の行データを受け付ける。次に A(2)→B(2) でファイル B「efgh」が印刷される。この競合の結果，出力される印刷結果は，2 つのファイルが混合される。A(1)→A(2) または，B(1)→B(2) の間の手続き部分がクリティカルセクションとなる。

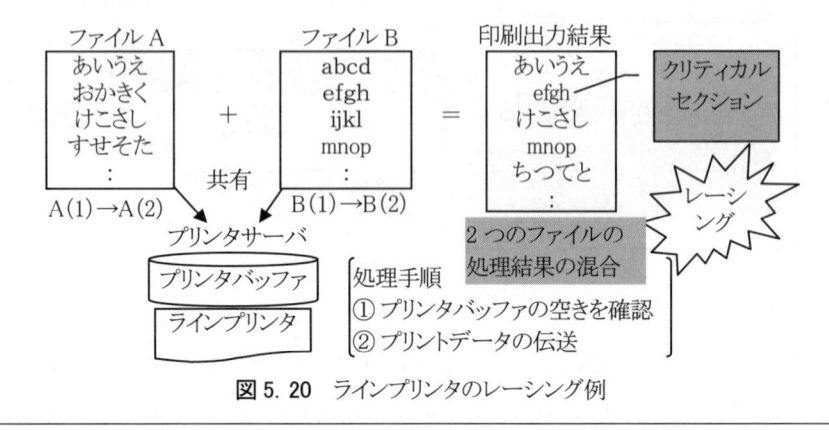

図 5.20 ラインプリンタのレーシング例

　(2) ロック／アンロック方式　アクセスファイルをロックして処理が終了するまで，他のアクセスを禁止する排他的な資源の割付を制御する基本的な機構である。ファイル X に対して 1 ビットのロック変数 Lx を設ける。$Lx=1$ をロック中，$Lx=0$ をアンロック中とする（図 5.21）。ロックをかける操作を LOCK (x)，アンロックする操作を UNLOCK (x) とすると，排他制御の基本操作は，$Lx1$ 操作でファイル X のロック状態をチェックして，$Lx=1$ の場合は，$Lx=0$ になるまで，何もしないで待つ。$Lx=0$ の場合は，ファイルをロック[$Lx2:1→Lx$]して，ファイル操作を行う。ファイル操作が終了した後は，Ux 操作 $Lx=0$

5.3 データベース

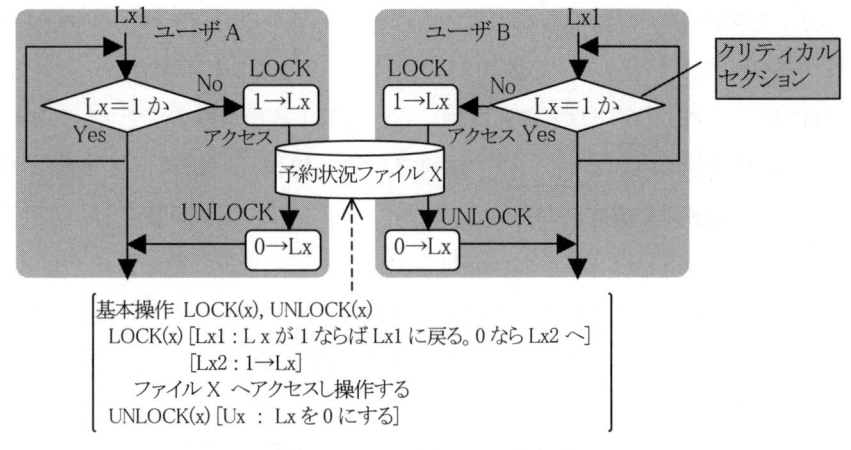

図 5.21 ロック/アンロック方式

```
基本操作 LOCK(x), UNLOCK(x)
  LOCK(x) [Lx1：L x が 1 ならば Lx1 に戻る。0 なら Lx2 へ]
          [Lx2：1→Lx]
  ファイル X へアクセスし操作する
  UNLOCK(x) [Ux：Lx を 0 にする]
```

としてファイルアクセス操作を終了する。

この方式では，ファイルのロックが解除されるまでループ状態（ビジー待ち：busy wait）で待つが，ビジー待ちを行うロックを**スピンロック**(spin lock)という。ビジー待ちを行わないロックを**サスペンドロック**(suspend lock) という。

ロック/アンロック方式は，単純であるが，ファイルのロック状態を確認する（test）操作 Lx1 とファイルをロックする（set）操作 Lx2 の間で，他のユーザの操作が入るとロックのすり抜け状態が発生する。Lx1 と Lx2 は必ず連続して実行する工夫が必要であり，このような操作を不可分な(indivisible)操作という。

分散処理システムでは，メモリ上のデータ，ファイルの排他制御を TS(test & set)命令で行う機能がある。TS 命令はメモリ上に Lx ビットを持ち Lx1 と Lx2 の操作を 1 命令で行い OS 制御のもとでスピンロック機能を提供する（図 5.22）。

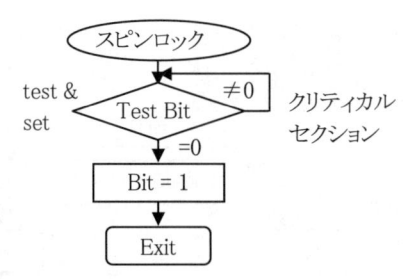

図 5.22 test & set 命令によるロック

(3) セマフォア　　排他制御の対象となるファイルやデータベースなどの資源に使用可,使用不可を示す2値(0,1)の変数である**セマフォア**(標識:semaphore)を付ける。セマフォアとは,鉄道で用いられる腕木式信号機のことで,Dijkstraによって提案された。セマフォアに対する待合せ操作(P操作),通知操作(V操作)で同期制御や排他制御を行う。セマフォアには,同期制御や通信に使用されるメッセージを扱うメッセージ付きセマフォアと資源の数を整数として扱い,同期を目的としたメッセージなしの計数型プロセスがある。P操作,V操作はクリティカルセクションとして実行する(**図5.23**)。

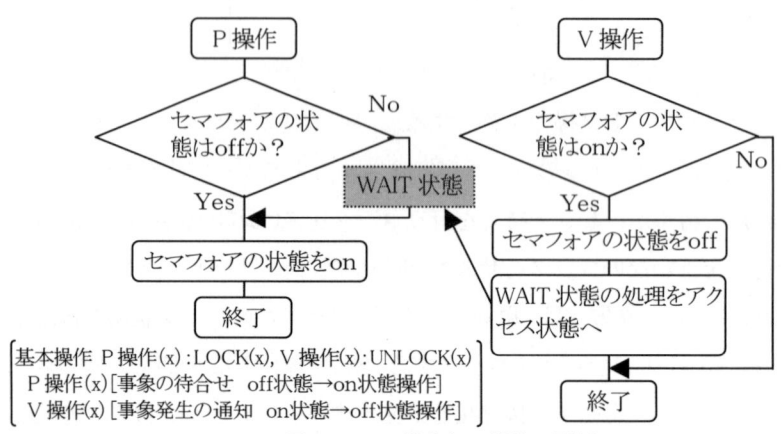

図5.23 P操作とV操作の関係

セマフォアを用いるとビジー待ちを行わないサスペンドロック(suspend lock)を実現できる。予約状況ファイルの共有排他制御をP操作,V操作で実現する例を**図5.24**に示す。複数のユーザアクセスでは,デッドロック(dead lock)対策も必要となる。

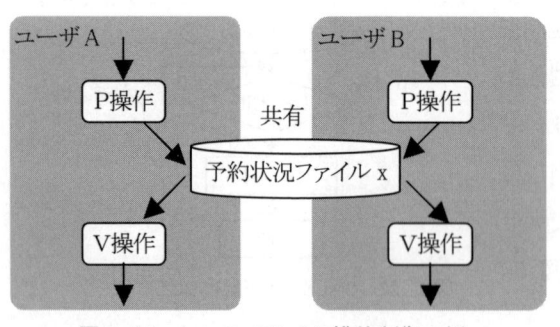

図5.24 セマフォアによる排他制御の例

5.3.5 リレーショナルデータベース

(1) 正規化　データの冗長性をなくして，データ更新時の異常をなくす目的で対象データ項目の中から関連性の高い項目だけを集めて表を作ることを正規化という。

(2) SQL　SQLはデータ定義言語SQL－DDL（data definition language）とデータ操作言語SQL－DML（data manipulation language）2つの言語で構成され，補助記憶装置に実装された実表（base table）と実表を操作することで導き出されるビュー表(view)が定義できる。SQL－DMLの中で表から必要なデータを検索するための問合せ（質問：query）処理に使用するSELECT文がよく使われる。SELECT文で求められる表を導出表（derived table）という。SELECT文の基本形式を図5.25に示す。SELECT文は，何を(SELECT)，どこから(FROM)，どのように(WHERE)，取り出すかという記述形式である。

```
基本形式
SELECT　ア　FROM　イ　WHERE　ウ
意味
SELECT　ア：項目の選択
FROM　　イ：検索表の指定
WHERE　 ウ：検索条件の指定
```

図 5.25　SELECT文の基本形式

SELECT文の形式には，単純質問，結合質問，入れ子質問などがある。単純質問の例を図5.26に示す。

表名：中間テスト成績表　情報システム

学籍番号	氏名	性別	点数	学科
93250157	森田 順三	男	35	情報
91260227	浅田 敬子	女	90	経営
91230012	木邨 琢磨	男	69	情報
91230035	山本 太朗	男	82	情報
93330114	松居 秀子	女	80	経営
98650006	草薙 四郎	男	59	経営

中間テストの成績表から女性で、かつ学科が「経営学科」である人を検索し、検索した人について現在の点数を30％にした新しい点数を求めて表示する。

```
SELECT　氏名，　点数＊0.3
FROM　　中間テスト成績表
WHERE　 性別 = '女' AND 学科 = '経営'
```

導出表

氏名	性別	点数
浅田 敬子	女	27
松居 秀子	女	24

図 5.26　SELECT文の問合せ結果

演習問題

[5.1] 次のSQL文によって表（学生一覧）から抽出されるデータはどれか。

SELECT　　氏名
FROM　　　学生一覧
WHERE　　　専攻＝'物理'　AND　年齢＜20

表　学生一覧

氏名	専攻	年齢
斎藤恒一	物理	22
山田健次	化学	20
鈴木有三	生物	18
田中真司	物理	19
斎藤五郎	数学	19

[5.2] ファイルのバックアップに関する処置として，不適切なものはどれか。
① バックアップの手順を極力自動化する。
② バックアップの保管状況を定期的に点検し，破壊されていないことを確認する。
③ バックアップは，正副同じ場所におく。
④ バックアップ用媒体が紛失したり破壊したりしないように対策を講じる。
⑤ バックアップ用媒体の廃棄は，記録データを消去し，媒体を破壊してから行う。

[5.3] ファイルに関する次の記述に最も関連の深い字句を解答群の中から選べ。
① ファイルの最初のレコードから順番に読み書きする方法である。
② 複数の論理レコードを入出力の単位となる1つの物理レコードにまとめる。
③ ファイルの中にあるレコードの長さがすべて同じ長さの形式である。
④ レコードの長さが異なる形式で，各レコードの先頭にはレコード長を持っている。
⑤ ファイルの中の必要な場所を直接に読み書きする方式である。

＜解答群＞

　　a 可変長レコード　b 固定長レコード　c ブロック化　d 直接アクセス

　　e 順次アクセス

[5.4] 共有ファイルのクローズを行わずに動作中の共有ファイルサーバの電源が突然切れた場合やサーバプログラムが異常終了したらどのような不具合が生じるか。また，ファイルシステムに最も悪い影響を与えるのは，どのようなアクセス状態であるかを考察せよ。

第6章
ネットワークアーキテクチャ

《本章の内容》
6.1 情報通信ネットワーク
6.2 ローカルエリアネットワーク
6.3 インターネット
演習問題

　コンピュータとコンピュータをケーブルで接続して，情報交換を行うネットワーク技術はパソコン普及の牽引的役割を果たし，リアルタイム情報のグローバル化をもたらした。本章ではコンピュータネットワーク，ローカルエリアネットワーク（LAN），インターネットについて述べる。

キーワード：ネットワークモデル，通信制御，LAN，TCP/IPプロトコル

　6.1節では，ネットワークアーキテクチャの基本と通信制御，ネットワークモデルについて述べる。
　6.2節では，LANやイントラネット，ピアツーピア型PC-LANなどについて述べる。
　6.3節では，インターネットの構成，サービスについて述べる。

6.1 情報通信ネットワーク

6.1.1 ネットワークアーキテクチャとは

　クライアントサーバシステムや分散処理システムは，コンピュータシステムを通信回線で相互に結合した構成をとり，情報交換を行う。情報交換を行うソフトウェアを通信ソフトウェア，通信ソフトウェア間の約束である通信規約を**プロトコル**(protocol)という。コンピュータネットワークによる分散処理では，異種コンピュータやOS間を相互接続したオープンシステムの必要性が高まり，プロトコルの標準化が必要となった。ネットワークアーキテクチャとは情報通信網の設計思想であり，その考え方を体系化したもので，プロトコルに基づくネットワークの仕組みを表現したものである。

> ネットワークアーキテクチャ(network architecture)：
> 　　ネットワークの構造や機能を規定し，体系的に明示したもの
> プロトコル(protocol)：通信規約，ファイル転送，伝送手順，通信速度など

　(1)　コンピュータネットワークの始まり ARPANET　　1969年に米国国防省（DARPA）が開発したコンピュータネットワークで，異なった機種間の相互接続のため，通信機能を階層化して，各階層ごとにプロトコルを設定することを試みた。1974年に採用されたプロトコルTCP/IPは，1980年代にUNIX系ワークステーションのプロトコルとして採用されてから飛躍的に普及し，1990年代後半のインターネットの普及が拍車をかけ，現在では，インターネットの標準プロトコルとなっている。

　(2)　SNA　　1974年にIBM社が社内技術規格（SNA：system network architecture）として発表したネットワークアーキテクチャで，応用プログラムと通信ソフトウェアを分離して，通信プロトコルの階層モデルの概念を確立した。他のコンピュータメーカも独自ネットワークアーキテクチャを開発したが，他者製品との相互接続の必要性から国際的な標準化の要望が高まり，OSI標準化へと発展した。

(3) **OSI 参照モデル**　異なったコンピュータ間の接続を可能にする世界標準のネットワークアーキテクチャとして，1978 年から 1990 年にかけて ISO（国際標準化機構）(international organization for standardization) が設定した基本モデルを OSI（開放型システム間相互接続：open systems interconnection）参照モデルと呼ぶ（**図 6.1**）。通信機能を 7 層（レイヤ：layer）に分けている。インターネットの標準プロトコルとしては，TCP/IP (transmission control protocol/internet protocol) があり，こちらは業界標準（**デファクトスタンダード**）として用いられている。OSI の第 5～7 層が TCP/IP のアプリケーション層に相当する。

(a) OSI の階層モデル

第7層	アプリケーション層	:業務処理機能の提供	サービス
第6層	プレゼンテーション層	:抽象的なメッセージと転送可能な構文との変換	電子メール，ファイル転送など
第5層	セッション層	:通信の確立/解放や同期/送信権の管理など，通信の制御	
第4層	トランスポート層	:伝送制御手順の実施	プロトコル TCP/IP など
第3層	ネットワーク層	:ネットワーク経路の設定	
第2層	データリンク層	:物理的な通信路の確立	ハードウェア HUB
第1層	物理層	:コネクタ形状，電気特性変換，通信媒体の条件	

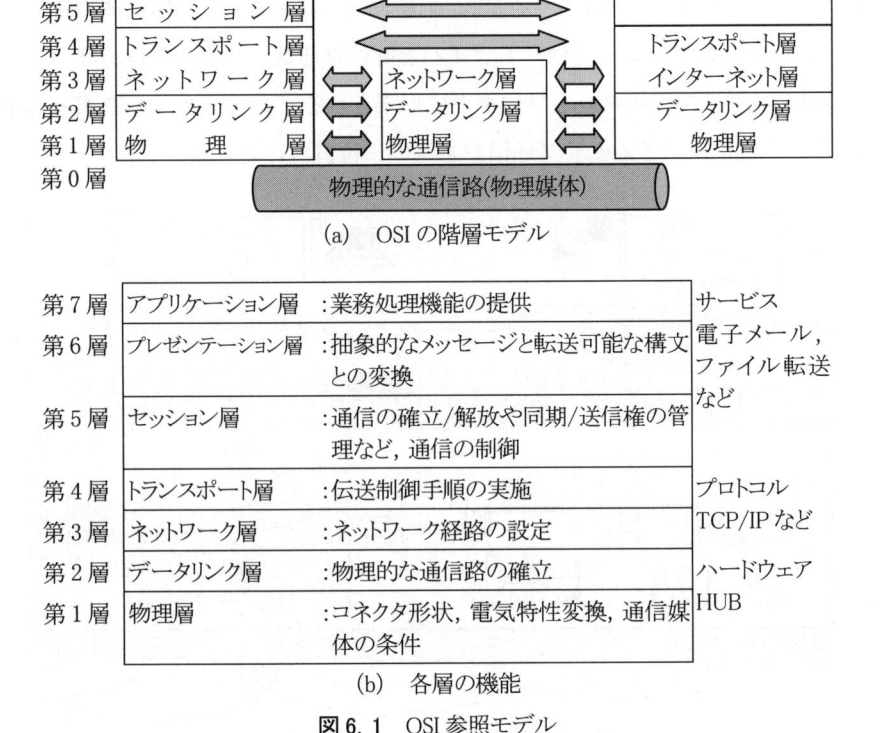

(b) 各層の機能

図 6.1　OSI 参照モデル

6.1.2 ネットワークモデル

コンピュータネットワークで，コンピュータ間の情報交換を行う通信ソフトウェアは通信制御機能，通信管理機能，あるいはクライアントサーバシステムのクライアントサーバ機能などを提供する。独立した通信制御を持つ専用基本ソフトウェアをネットワーク OS という。ここでは，OS の通信制御機能を通信制御，通信制御機能を持つ専用基本ソフトウェアをネットワーク OS と呼ぶ。

データの送受信は処理を依頼する応用プログラム（クライアント）と処理を行う応用プログラム（サーバ）間で論理ネットワークを介して行われる。論理ネットワークは，情報伝送路の役目を担う通信媒体（サブネットワーク）層と通信制御層からなり，通信制御は，通信制御間でプロトコルを交換する通信路となる論理チャネル（コネクション：connection）の設定と通信媒体を構成するハードウェアシステムの制御と伝送路確保を行う（図 6.2）。応用プログラムとのインタフェースは，**API**（application program interface）で，通信媒体のハードウェアとのインタフェースは，ドライバと呼ばれるプログラムで行われる。通信媒体は，LAN や広域ネットワーク上に形成されるインターネットや**イントラネット**などの通信システムのサブ通信システムに位置付けられる。

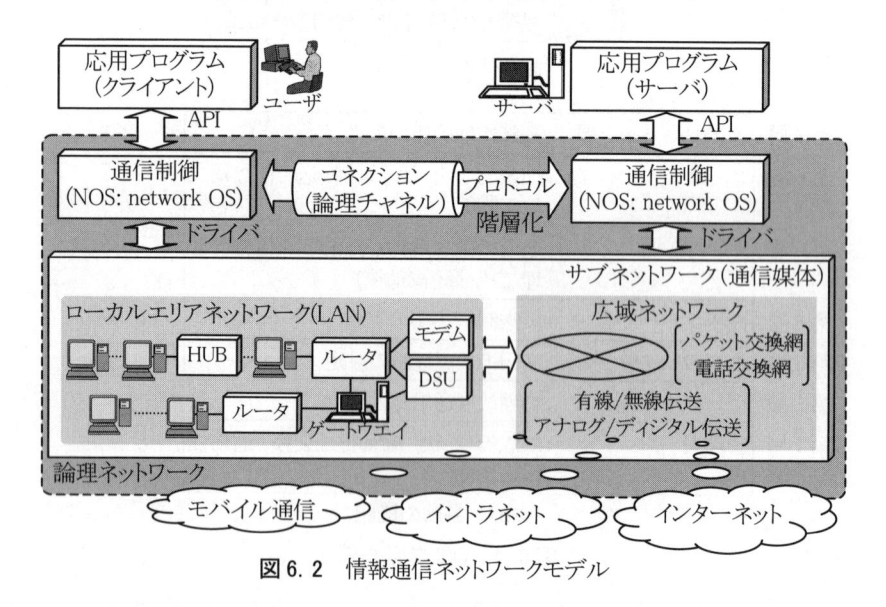

図 6.2 情報通信ネットワークモデル

6.1.3 通信制御

〔1〕 **入出力管理方式**　　**通信制御**（communication control）は，入出力管理の上位階層に位置付けられる．入出力管理は，応用プログラムの代行でハードディスクやプリンタなどの周辺装置との入出力インタフェース処理を行う．入出力機能は，階層構造(hierarchy)をとっていて，応用プログラムとのデータ処理インタフェース部をデータ管理や通信制御が，周辺装置とのインタフェース制御，状態管理，入出力障害の管理を入出力管理（I/O management）が行う（**図6.3**）．応用プログラムは，データをブロック単位で，データ管理はブロック単位でファイル転送処理を行う．周辺装置はチャネルでまとめて制御するが，パソコンではチャネルと周辺制御装置を簡単化した入出力インタフェースで対応する．

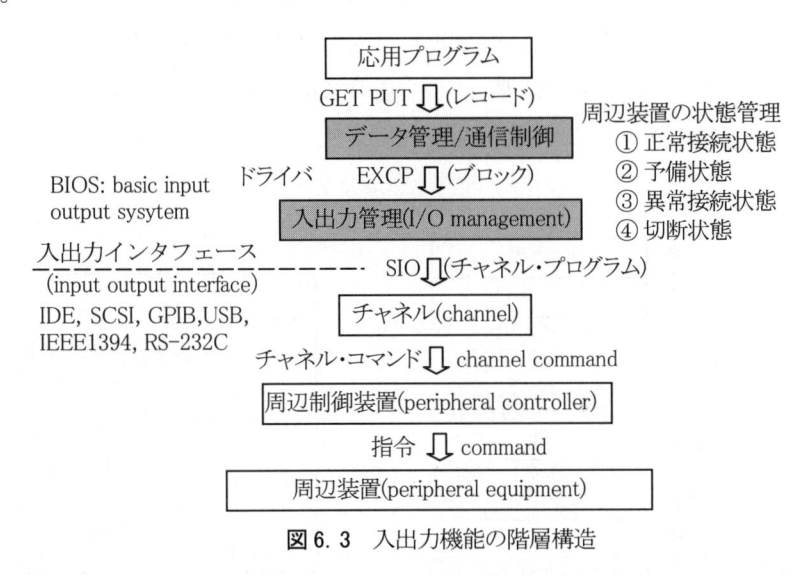

```
                    応用プログラム
                    GET PUT ⇩ （レコード）    周辺装置の状態管理
                    データ管理/通信制御        ① 正常接続状態
BIOS: basic input   ドライバ EXCP ⇩（ブロック）② 予備状態
output sysytem      入出力管理(I/O management)③ 異常接続状態
                                              ④ 切断状態
入出力インタフェース
   (input output interface)  SIO ⇩ （チャネル・プログラム）
IDE, SCSI, GPIB, USB,        チャネル(channel)
IEEE1394, RS-232C
                    チャネル・コマンド ⇩ channel command
                    周辺制御装置(peripheral controller)
                    指令 ⇩ command
                    周辺装置(peripheral equipment)
```

図6.3　入出力機能の階層構造

〔2〕 **入出力インタフェース**　　チャネルや入出力インタフェースの機能は，主記憶に対する転送路の確保とコマンドの実行制御である．周辺装置とは線（バス）で接続され，バスの転送幅が，1ビットのものを**シリアルバスインタフェース**，2ビット以上を**パラレルバスインタフェース**という．シリアルインタフェースの代表として**USB**インタフェース，**Serial ATA**インタフェースなどがある．パラレ

ルバスインタフェースの代表として **ATA** インタフェース，チャネル(channel)インタフェースなどがある．

チャネルには専用バス方式のセレクタチャネル(selector channel)，多重バス方式のマルチプレクサチャネル(multiplexer channel)があり，マルチプレクサチャネルにはハードディスク，磁気ディスク装置など高速データ転送用ブロックマルチプレクサチャネル，ラインプリンタなどの低速データ転送用バイトマルチプレクサチャネルがある．パソコンではハードディスク，CD-ROMなどをコンピュータ内部に接続する **IDE** インタフェースで制御する．

入出力制御を行うフロントエンドプロセッサ（**FEP**：front end processor）を入出力制御システム(**IOCS**：I/O control system)，または入出力スーパバイザ(**IOS**：input output system)という(図6.4)．入出力制御動作は，入出力プログラムやチャネルプログラムで行う．IOCSは入出力プロセスを発生させて，論理装置名，ファイル定義名，論理ユニット番号で指定された入出力の実行制御を行う．チャネルプログラムでは，SIOコマンドによりデバイスを起動する．

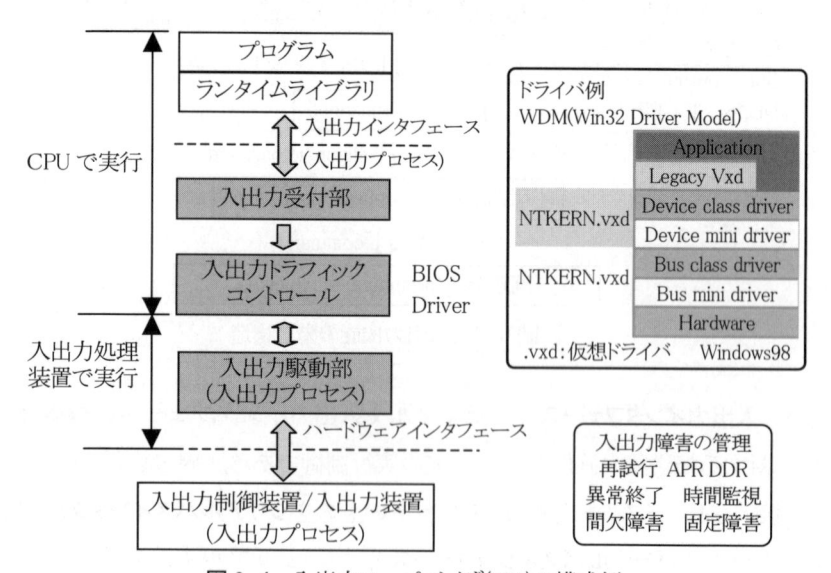

図6.4 入出力スーパバイザ(IOS)の構成例

ワークステーションやパソコンでは，チャネルプログラム相当機能を通常のプログラムとして記述（**ドライバ**）してチャネル機能の大部分をCPUで実行する方式を採用している。HDD，キーボード，プリンタなどの基本的な入出力を制御する入出力インタフェース部を**BIOS**（basic input output system）という。

BIOSはハードウェアの機種によるよる違いをソフトウェアで補うもので，ハードウェアの一部を組み込んだROM-BIOSと，OSの一部として組み込まれた**デバイスドライバ**（device driver）がある。ドライバは，多種多様な周辺機器を制御する機器固有のソフトウェアでOSが標準的に備えているが，通信機器，周辺機器メーカがハードウェアに付随して提供する。多くは，BIOSも含めてインターネット上で公開していてバージョンアップにも対応できる。

〔3〕**通信制御方式**　通信制御は，情報通信システムを構成するコンピュータ間のデータ通信を行う通信ソフトウェアで，プロトコルの規定に従い，応用プログラムと通信機器とのインタフェース制御を行う。主な機能は，通信経路の設定（データリンク），回線とネットワーク管理，データ伝送制御，誤り制御，同期制御，多重処理制御，端末制御などがある。情報通信システムの基本構成を図6.5に示す。

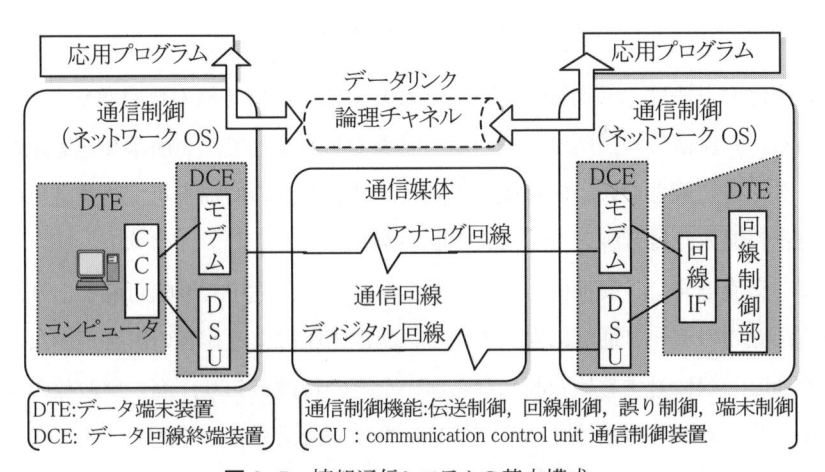

図6.5　情報通信システムの基本構成

〔4〕 データ伝送制御

(1) **直列伝送方式**　コンピュータ内部では，1文字分8ビットデータ（バイトB：byte）を複数バイト幅の伝送路で同時に送る並列伝送（parallel transmission）が一般的で，高性能ではあるが，コストアップとなる。通信回線は，費用を安くする目的で，データを1ビット単位で送る直列伝送（serial transmission）方式が使用され，LAN，USB2.0，シリアルATA，RS232Cなどにも採用されている。

(2) **アナログ伝送とディジタル伝送**　コンピュータは，1と0のディジタル信号を扱うが，電話回線は音声電流のアナログ信号を送る回線でアナログ伝送方式である。

① **直流信号**　電圧の有無を直流信号（ディジタル信号）に置き換える。一定電圧以上（閾値：thresholdという）の高さ（highまたはplus）状態を"1"，電圧が低い（low, zero, minus）状態を"0"とする（**図6.6**）。

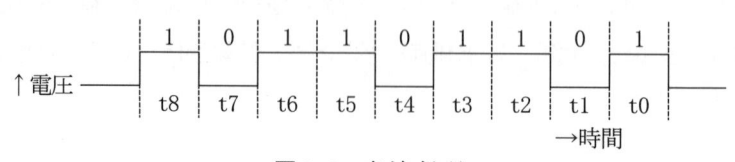

```
↑電圧 ─┐ 1 ┌─┐ 0 ┌─┐ 1 ┌─┐ 1 ┌─┐ 0 ┌─┐ 1 ┌─┐ 1 ┌─┐ 0 ┌─┐ 1 ┌─
        │   │ │   │ │   │ │   │ │   │ │   │ │   │ │   │ │
        t8  t7   t6   t5   t4   t3   t2   t1   t0
                                              →時間
```

図6.6　直流信号

高速化の方法は，①時間 t の間隔を縮小する，②信号線の数を増やす，ことである。直流信号の長所は電子回路が簡単であることで，短所は高速遠距離間データ転送に適さない。信号電圧の減衰，減衰信号の増幅不可，誘電電圧による雑音の混入，雑音源となるなどの問題がある。

② **交流信号**　交流信号（アナログ信号）は，途中で増幅可能であり，高速遠距離間のデータ通信に向いている。誘電電圧による雑音の影響が少ない，他の通信回線に対する雑音源にならないなどの特徴があり，高い周波数の交流（キャリヤ carrier：搬送波）に直流信号を乗せ交流信号にして運ぶ方法がある。例えば，ラジオ放送，無線電話などでは，高い周波数の電波を使って低い周波数の音声を運んでいる。

ADSL（asymmetric digital subscriber line）では，一般の加入電話に使われている1対の電話線を使って電話の音声を伝えるのには使わない高い周波数帯を使って通信を行う。

③ **変調**（modulation）　キャリヤに直流信号を乗せて，交流信号を作り出す。変調方式には，**AM**（amplitude modulation：振幅変調），**FM**（frequency modulation：周波数変調），**PM**（phase modulation：位相変調）がある。

④ **復調**（demodulation）　交流信号を受信して，キャリヤに乗ってきた直流信号を取り出す。アナログ信号をディジタル信号に変換することを **A-D 変換**（analog to digital conversion）という。

〔5〕 **データ回線終端装置**　アナログ回線，ディジタル回線などの通信回線をコンピュータや端末に接続する装置を総称して**データ回線終端装置**（DCE：data circuit terminating equipment）と呼ぶ。DCE にはモデム，ディジタル回線終端装置などがある。

(1) **モデム**　モデム（MODEM：modulator demodulator：変復調装置）は，通信回線の交流信号を利用したデータ伝送に用いられる変復調装置である。変調とは直流信号を交流信号に変更することであり，復調は交流信号から直流信号を取り出すことである。コンピュータ，端末間にアナログ通信回線を介して接続する（**図 6.7**）。

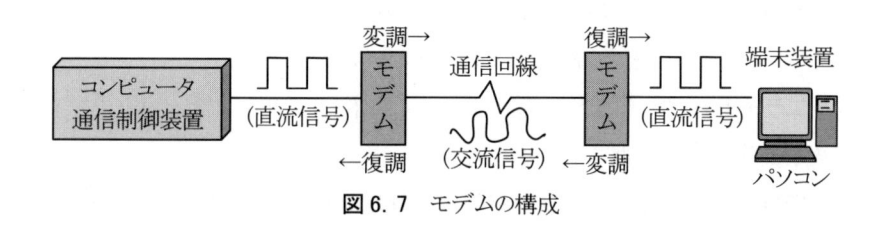

図 6.7 モデムの構成

(2) ディジタル回線終端装置 ディジタル回線終端装置（DSU：digital service unit）は，光ファイバを用いたディジタル回線をコンピュータや端末に接続する装置である。

〔6〕 通信制御装置 通信回線とコンピュータとのインタフェース処理を行う。扱うデータの単位は文字，ブロック，メッセージなどである。**通信制御装置**（CCU：communication control unit）に専用のコンピュータを使用する場合があり，その専用コンピュータをFEP（前置コンピュータ）と呼ぶ（**図6.8**）。主な機能を次に述べる。

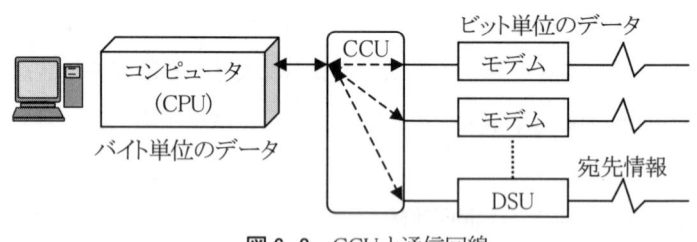

図6.8 CCUと通信回線

① **直並列変換** コンピュータが扱うデータはバイトやワード単位で，通信回線はビット単位のデータ伝送を行うため，CCUはCPUへはデータの並列変換を，通信回線側には直列変換を行う。

② **回線の選択** 回線がアナログ回線の場合はモデムを，ディジタル回線の場合はディジタル網用回線終端装置（DSU）を選択する。

③ **エラーチェック** 文字（7，8ビット）単位のパリティチェックとブロック（数十文字）単位の群チェックを付加する。

④ **同期／伝送制御** 伝送制御符号の検出を行い，同期をとりながら文字コードの符号変更（分解と組立て），伝送誤りの検出や訂正も含めてデータの送受信を行う。

6.1 情報通信ネットワーク

〔7〕 **データ端末装置** 通信機能を持つ端末を**データ端末装置**（DTE：data terminating equipment）という。DTE の主な機能は，伝送制御で，端末装置の内部信号レベルとモデム側信号レベル間のレベル調節（信号時間，電圧などを変換）などの回線接続機能を行う回線インタフェース（IF：interface）とデータビットの直並列変換，伝送制御，文字，ブロックの組立てとエラーチェックなどを行う回線制御部で構成される。パソコンでは，回線 IF を回線接続部（ドライバ／レシーバ），回線制御部をトランシーバという。

〔8〕 **同期方式** 同期方式とは，直列データ伝送を行う場合にデータの送受信のやり方（開始，到着検出）をあらかじめ決めておき，その約束ごとに従い同期をとって制御していく方式である。

① **調歩同期式** 1 文字伝送の開始を 0，終了を 1 と決めておく方式で，1 文字伝送に 2 ビットを必要とするため効率が悪く低速伝送に利用される。1 バイト（8 ビット）で構成されたパリティビットなしの 1 文字データの送信には，10 ビットのデータを必要とする（図 6.9）。

スタートビット(0)	1 文字分のデータビット	ストップビット(1)

図 6.9 調歩同期式

② **連続式（SYN 同期式）** SYN 同期式では，文字データの開始を表す伝送制御符号 SYN（同期信号：synchronization）を設定しておき，SYN 信号受信後は 1 文字単位にデータを連続して取り込む処理を行う方式で，伝送制御符号には，STX（テキスト開始：start of text），ETX（終了：end of text）などがある。大量データ通信に利用される（図 6.10）。

文字	文字	文字	・・・	SYN	→

図 6.10 SYN 同期式

③ **フレーム同期式** 送受信する情報の基本単位を**フレーム**（frame）という。コンピュータ間通信手順である HDLC 手順（high level data link control procedures）で設定されたビット伝送方式で，データ伝送の単位をフレームとして，フレームの開始，終了を特定のフラグパターン（F：01111110）で同期する（図 6.11）。文字以外の任意ビット長の情報が伝送可能で多くの通信方式で採用されている。

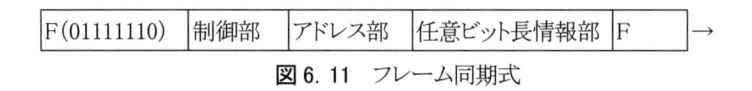

| F(01111110) | 制御部 | アドレス部 | 任意ビット長情報部 | F | → |

図 6.11 フレーム同期式

〔9〕 **接続方式** 直結方式（ポイントツーポイント接続方式），分岐方式（マルチポイント接続方式），集配信方式（多重化通信方式），必要時にダイヤル接続とデータ転送を行う交換方式などがある。多重化通信方式（**FDM**：frequency division multiplex）では，遠距離を高速通信回線で，近距離を低速通信回線で接続，複数の低速回線のデータを一つの高速回線で接続する。

〔10〕 **伝送制御手順** データやりとりの手順は，①回線の接続，②データリンクの確立，③データのやりとり，④終結，⑤回線の切断，の順番で行われる。データやりとりの中で②③④を伝送制御手順といい，OSI のデータリンク層に対応している。**フリーランニング**制御手順（無手順制御方式）や符号化された文字を送る基本型データ伝送制御手順（ベーシック手順：basic mode data transmission control procedures）がよく使用されているが，伝送効率が悪いため，高度なネットワークには向かない。高効率なデータ伝送にはフレーム伝送の高水準伝送制御手順 HDLC を利用する。

相手方を確認する方式には，1 対 1 の接続の場合は，コンテンション方式（直結方式）が，多数の装置が接続されているときは，**イーサネット**（ethernet） LAN などに使用されているポーリング/セレクティング方式がある。

6.2 ローカルエリアネットワーク

6.2.1 LAN アーキテクチャ

〔1〕 **LAN とは** オフィスや家庭内など限定された地域に分散されたコンピュータや情報機器を相互に接続する構内通信ネットワークをローカルエリアネットワーク（LAN : local area network）という。LAN システムは，各フロアや部署の構内 LAN を束ねたもので，外部インターネットとルータで接続される（図 6.12）。ルータはネットワーク層以下のプロトコルが異なる LAN どうしを接続する中継装置で直接接続するローカルルータやネットワークを経由して接続するリモートルータがある。

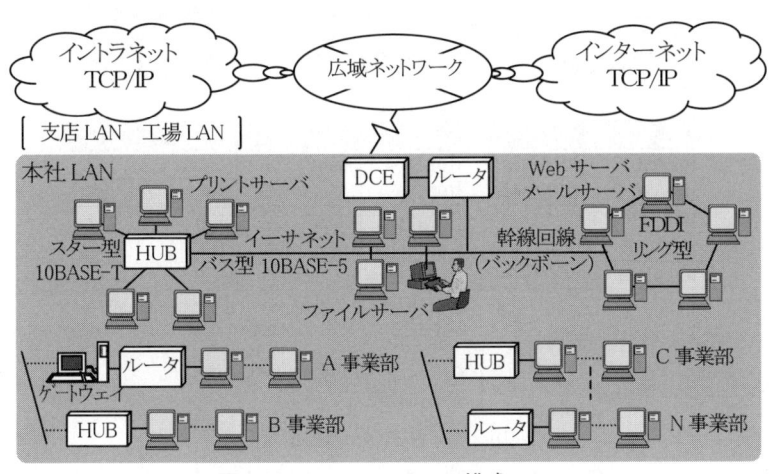

図 6.12　LAN システムの構成

インターネットプロトコル（TCP/IP）体系や Web アプリケーションをそのまま利用した LAN システムを**イントラネット**（intranet）という。イントラネットの中心は，Web サーバであるが，**ファイアウォール**（firewall）により社内サーバへの情報アクセスを遮断する必要がある。社内で閉じられた LAN システムを**エクストラネット**（extranet）という。LAN の性能は，数 10M ビット/秒から数 G ビット/秒と高速で，複数の LAN を束ねる幹線回線（バックボーン）には，光ファイバ 100Mbps のリング型高速 LAN やギガビット LAN が利用される。

〔2〕 **LAN の形態**　LAN の接続形態をトポロジーといい，スター型，リング型，バス型の3つの形状がある（図2.2参照）。LAN を構成する機器により LAN の形態が決まる。

(1) **イーサネット LAN**　1本の通信ケーブルに複数のコンピュータや情報機器が共有接続され，任意のコンピュータ間でパケットを伝送する。1976年にゼロックス社で開発されたイーサネット（ethernet, 10BASE-5）同軸ケーブルを基本とするバス型 LAN とツイストペア（カテゴリ5）10BASE-T をハブに接続するスター型 LAN がある(図6.13)。

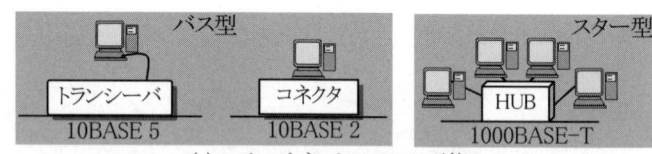

(a) イーサネット LAN の形態

種別	伝送媒体	伝送速度	最大ケーブル	接続方式	
10BASE-5	標準同軸	10Mbps	500m/ネット	トランシーバ	AUI
10BASE-2	細径同軸	10Mbps	185m/ネット	コネクタ	BNC
10BASE-T	ツイストペア	10Mbps	100m/ハブ	HUB	モジュラ
100BASE-TX	ツイストペア	100Mbps	100m/ハブ	HUB	モジュラ
1000BASE-T	ツイストペア	1000Mbps	100m/ハブ	HUB	モジュラ

BNC 丸型コネクタ：bayonet-neil-connectin
AUI 平型コネクタ：attachment unit interface connecter

伝送速度 1000 BASE - T
(Mbps)　　　　　　数字はケーブル長 5:500m 2:200m
ベースバンド方式　英字は種類 T:ツイストペア F:光ファイバケーブル

(b) イーサネットの規格

図6.13 イーサネット LAN の形態とケーブル規格

① **CSMA/CD アクセス方式**　イーサネット LAN の通信方式は，**CSMA/CD**（carrier sense multiple access with collision detection）と呼ばれるランダム伝送制御方式で，LAN 上でのデータの衝突検出機能を備えている。データを送信する場合 LAN 上にデータが流れていないかどうかの検出（carrier sense）を行い，空いている場合はデータを送信する。衝突を検出した場合（multiple access with collision detection）は，送信を中断して，ランダムな時間の後，再送する。

② **媒体アクセス制御（MAC）**　MAC（media access control）とは，LANにおける伝送制御で OSI 参照モデルのデータリンク層に対応する。スイッチングハブでは，ネットワーク上のコンピュータは，それぞれ固有の MAC アドレスを持つ。イーサネットトランシーバから送出されるパケットを MAC フレームと呼び，MAC フレームの宛先アドレスと自分の MAC アドレスが一致するとフレームデータを取り込む。

③ **スター型 LAN**　同軸ケーブルの代わりにツイストペア（より対）線を用いた LAN ケーブルでハブに接続する。コンピュータと LAN ケーブル間との信号変換を行うトランシーバに相当するアクセス装置を媒体アクセスユニット（**MAU**：media access unit）という。パソコンでは LAN ボードと呼び，100BASE-TX 用，1000BASE-T 用など伝送スピードに対応して用意する。アクセス制御方式は，10BASE－5 と同じ CSMA/CD であるが，ハブには MAC フレームを他のすべてのポートに同時に送るブロードキャスト（broadcast）ができる。

(2) **トークンリング LAN**　リング上の通信回路をトークン（token）と呼ばれる空き標識付きメーセッジが巡回してアクセス制御を行う**トークンパッシング**（token passing）方式を適用したリング型 LAN を**トークンリング**（token ring）LAN という。

FDDI（fiber distributed data interface）は，幹線回線（**バックボーン**）として開発された 100Mbps の光ファイバでトークンパッシング方式の代表例である。

CSMA/CD，トークンリング，FDDI などの伝送方式は，**ベースバンド**方式で，送信データを符号化して，直流信号（電気パルス）に変えて伝送する。

物理的な構成（トポロジー）は，ハブ式スター型に同じであるが，論理的にリング上の通信回路をトークン（token）と呼ばれるメーセッジが巡回してアクセス制御を行う形態もトークンリング LAN と呼ばれる。

トポロジーがバス型 LAN 構成で論理的なメッセージ巡回方式の場合は，トークンバス型 LAN と呼ばれる。伝送方式は，ブロードバンド方式で，符号化されたディジタルデータをアナログ信号に変調して伝送を行う。

6.2.2 LANの構成

〔1〕 **クライアントサーバ型 LAN**（client server LAN）　処理を要求するクライアントと処理を実行する専用サーバの役割や物理的な構成が明確に分かれたクラアントサーバシステムの構成である。ファイルの保管場所として利用するファイルサーバ，データの蓄積，検索，更新の機能を持つデータベースサーバ，通信方式の変換を行う通信サーバ（**ゲートウェイ**），インターネットアクセスを行う Web サーバ，メールサーバなどがある（図 6.14）。

パソコン主体の LAN を **PC-LAN** という。中大規模の PC-LAN システムは，クライアントサーバ型 LAN で構成する。通常，サーバには専用のサーバ OS を使用する。

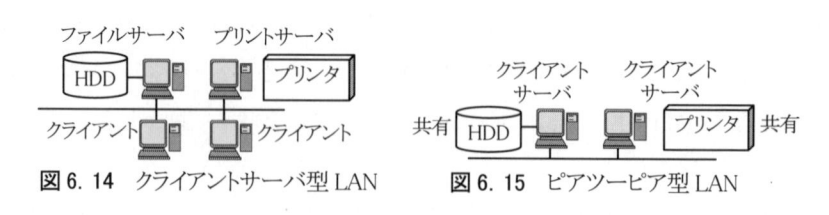

図 6.14　クライアントサーバ型 LAN　　図 6.15　ピアツーピア型 LAN

〔2〕 **ピアツーピア型 LAN**（peer to peer LAN）　ピア（peer）とは仲間という意味で，コンピュータどうしが対等な立場でファイルやプリンタを共有するLAN システムである（図 6.15）。各コンピュータには，専用のサーバ OS は必要でなく，必要に応じてクライアントとサーバになるクライアントサーバシステムの一形態である。

PC が 10 台未満の小規模 LAN でサーバ専用パソコンを使わない構成を**ピアツーピア型 PC-LAN** という。ノベル社の Net　Ware や Windows の LAN　Manager などの NOS を使い，簡単な設定でプリンタやファイルなどを共有するが，機密保持などの機能が弱い。クライアント機能は Windows に標準装備されている。

Windows2000 以降では，ネットワーク上のサーバ側ドライブやファイル単位に「ネットワークドライブの共有」メニューコマンドで簡単に共有設定できる。クライアント側のドライブやファイルの共有も「共有」メニューコマンドで簡単に設定できるが，ファイアウォールなどの機密保持対策を行う必要がある。

6.2.3 LAN間接続

(1) リピータ　リピータ(repeater)は同じ形態の伝送路を物理的に延長する場合に使用する。物理層間の接続で，10/100/1000BASE-T の LAN では，スイッチング機能を持たないハブがその役目を果たす。ハブポートの不足は，カスケード接続によりケーブルを延長する。

(2) ブリッジ　ブリッジ(bridge)は LAN どうしをデータリンク層で延長するとともに MAC アドレスを監視して，不要なデータフレームを通過させないフィルタリング機能を持つ中継装置で，スイッチングハブなどがある。同一構内のネットワーク中継を行うローカルブリッジ，公衆回線で遠隔地のネットワークを接続するリモートブリッジがある。

(3) ルータ　ルータ(router)は，ネットワーク層までのプロトコル変換機能を持ち，IP アドレスによって2局間に存在する2つ以上の回線経路から最も適した経路を選択するルーティング機能を持つ。MAC アドレスを使用しないため，余分なデータが無関係なネットワークを流れないので，伝送量の軽減やイントラネット上のセキュリティ管理に利用される。

(4) ゲートウェイ　ゲートウェイ(gateway)はネットワークアーキテクチャ(プロトコル)の異なる LAN 間の接続装置で，アプリケーション層までのすべてのプロトコル変換機能を持つ。汎用機中心の SNA，OSI 準拠のパケット交換ネットワーク，TCP/IP 間の接続を行う。

(5) ATM-LAN方式　マルチメディアデータなどをセル単位で送信しスイッチング機能で Gbps 単位の高速非同期転送モード(**ATM**: asynchronous transfer mode)を行う伝送方式で，B-ISDN (broadband-ISDN) で採用されている。

(6) フレームリレー方式　ISDN のパケット交換方式で，データをフレーム単位に分割して伝送する方式で，最大伝送速度は，1.5Mbps である。パケット交換機と ATM 交換機の中間に位置するフレームリレー交換機は LAN 間接続に使用される。

6.3 インターネット

6.3.1 インターネットアーキテクチャ

〔1〕 **仮想ネットワーク**　インターネットの由来はインターネットワーキング（internet working）で，インターネットは多数のネットワークが相互接続された構成をとり，ユーザはネットワークの構成を意識することなく，あたかも1つの仮想ネットワークとして利用している。異なる各ネットワーク間をルータで相互接続し，2つの基本プロトコル TCP/IP で相互通信を可能としている（図 6.16）。

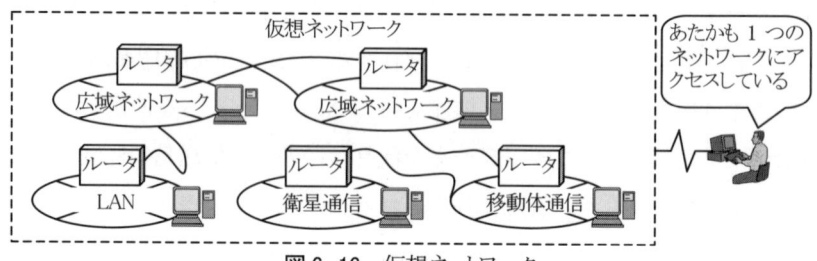

図 6.16　仮想ネットワーク

〔2〕 **固有識別名**　インターネットに接続されたコンピュータを識別して通信を行うため，各コンピュータに固有の識別記号やアドレスが必要で，IP アドレスと IP アドレスを文字列化したドメイン名を用いる。

(1) **IP アドレス**　IP アドレスは TCP/IP ネットワークに接続するために割り振られるアドレスで，従来からある 32 ビット（4 バイト）構成（**IPv4**：IP version4）と拡張版 128 ビット構成（**IPv6**：IP version6）がある。**インターネットアドレス**とも呼ばれる。両者の互換性はない。IPv4 は，32 ビット構成でネットワークアドレス部とホストアドレス部に分かれ，通常は 8 ビットごとに区切って，それぞれを 10 進数（例：255.255.0.0）で表す。ネットワーク部がネットワークを指定し，ホスト部がそのネットワーク内の機器を指定する。ネットワーク部とホスト部の区別にはサブネットマスクを用いる。ネットワークアド

レスは，規模によりAクラス（7ビット），Bクラス（14ビット），Cクラス（21ビット）に分類される（図6.17）。

```
IPv4 標準(32ビット) 表記は10進数 8ビット単位 (例)255.255.0.0
```

| クラス識別子 | ネットワークアドレス部 | ホストアドレス部 |

Aクラス 大規模ネットワークのIPアドレス

| 0 | ネットワークアドレス部(7) | ホストアドレス部(24) |

Bクラス 中規模ネットワークのIPアドレス

| 10 | ネットワークアドレス部(14) | ホストアドレス部(16) |

Cクラス 小規模ネットワークのIPアドレス

| 100 | ネットワークアドレス部(21) | ホストアドレス部(8) |

図6.17 IPv4アドレスの構成

IPv6は，IPv4のアドレスの限界を打破する目的で1992年からIETF（インターネット特別調査委員会）で研究開始された次世代プロトコル体系（IP）で，ネットワークプレフィックス（64ビット）とインタフェースID（64ビット）に分かれる（図6.18）。表記法は，16進数で表記された数値を16ビット単位で，コロン（:）で分割して表記する。ユニキャストアドレス，マルチキャストアドレス，エニキャストアドレスの3種類のアドレスが存在し，これらのアドレスそれぞれに対しあるリンクでのみ一意なリンクローカルスコープと全IPv6で一意なグローバルスコープのアドレスが存在する。IPv6利用可能なOSは，UNIX系OS，Windows系（XP，server 2003，Vista），MAC OS Xなどで今後，IP放送，IPテレビ電話，IP電話などへの適用が期待されている。

表記は16進数16ビット単位 （例）2001:8aa0:dd07:01d3:268c:1fd0:0001:10ff

| IPv6 標準(128ビット) | ネットワークプレフィックス(64) | インタフェースID(64) |

IPv6アドレスの種類

ユニキャストアドレス	1つのインタフェースに付けられているIPアドレス
マルチキャストアドレス	複数のノードに割り当てられるアドレス。ffxx::で始まるアドレス
エニキャストアドレス	複数のノードに割り当てられて，ネットワーク上で一番近いノードのどれか1つのみに配送されるアドレス

図6.18 IPv6アドレスの構成

6. ネットワークアーキテクチャ

(2) ドメイン名　IP アドレスと 1 対 1 に対応してインターネット上のホストを識別するための名称（文字列）をドメイン (domain) 名という。DNS (domain name system) サーバはホスト名と IP アドレスの対応表で，英数字で表現された電子メールアドレス（ホスト名）を IP アドレスに翻訳する（**図 6.19**）。

```
ユーザ名        ホスト           組織名      分類      国名
sysarc1    @    netarc    .    kaisha  .   co   .   jp
                └──サブドメイン名──┘       └────ドメイン名────┘
```

図 6.19　ドメイン名の例

6.3.2　基本プロトコル（TCP/IP）

インターネットのプロトコルは，基本プロトコル TCP/IP とアプリケーションプロトコルから構成されている（**図 6.20**）。

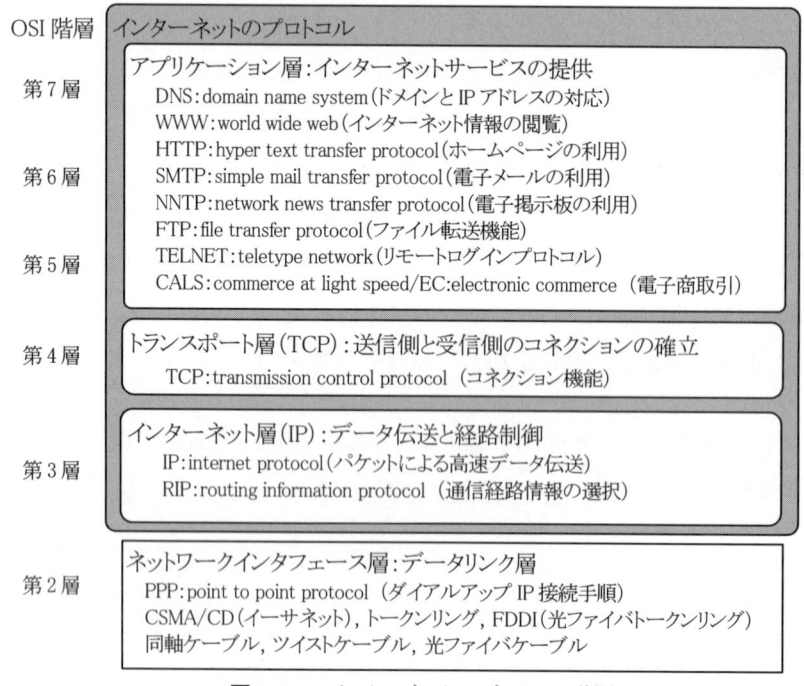

OSI 階層	インターネットのプロトコル
第 7 層	アプリケーション層：インターネットサービスの提供 DNS：domain name system（ドメインと IP アドレスの対応） WWW：world wide web（インターネット情報の閲覧） HTTP：hyper text transfer protocol（ホームページの利用）
第 6 層	SMTP：simple mail transfer protocol（電子メールの利用） NNTP：network news transfer protocol（電子掲示板の利用） FTP：file transfer protocol（ファイル転送機能）
第 5 層	TELNET：teletype network（リモートログインプロトコル） CALS：commerce at light speed/EC：electronic commerce（電子商取引）
第 4 層	トランスポート層（TCP）：送信側と受信側のコネクションの確立 TCP：transmission control protocol（コネクション機能）
第 3 層	インターネット層（IP）：データ伝送と経路制御 IP：internet protocol（パケットによる高速データ伝送） RIP：routing information protocol（通信経路情報の選択）
第 2 層	ネットワークインタフェース層：データリンク層 PPP：point to point protocol（ダイアルアップ IP 接続手順） CSMA/CD（イーサネット），トークンリング，FDDI（光ファイバートークンリング） 同軸ケーブル，ツイストケーブル，光ファイバケーブル

図 6.20　インターネットのプロトコル階層

TCPは送信側と受信側のコネクション（論理的な通信路のこと）を確立してからデータ転送を行うコネクション型通信をサポートすることにより，信頼性の高いデータ転送を可能としている。

一方，IPはネットワークを相互接続する機能を持ち，データを相手方に一方的に送信するコネクションレス型通信をサポートしていて，高速なデータ通信を可能としている。

6.3.3 インターネットのサービス

インターネットの代表的なサービスには，ホームページ閲覧を行うWWWと電子メールである（表6.1）。これらのサービスは，プロバイダを経由して提供される。

表6.1 インターネットサービス

サービス名	内容	プロトコル他
WWW	インターネット上の情報をハイパーリンクにより統合的に扱う情報検索システムで，Webブラウザでホームページの検索(URL)，閲覧を行う。	HTTP, DNS, URL, HTML
電子メール	インターネットを介して文字，音声，画像などの情報交換を行う。メールの送信をSMTP，メールの受信をPOP3が行う。	SMTP, POP3, MIME
IP電話	音声やテレビ電話を行う。アクセス回線にFTTH，ADSLなどのブロードバンドを使用する。	IP, SIP
音声動画配信	音声動画などのデータストリームのリアルタイム配信を行う。	RTP
ネットニュース	ネットニュースの閲覧と投稿を行う。	NNTP
FTP	ファイル転送を行う。	FTP
TELNET	遠隔地のコンピュータに接続して操作する。汎用的な双方向8ビット通信を提供する。	TELNET
電子商取引	企業間の商取引や不特定多数への通信販売を行う。	CALS, EC
モニタリング	IPネットワーク上のネットワーク機器を監視（モニタリング）制御する。	SNMP

POP3：post office protocol version 3
SNMP：simple network management protocol
SIP：session initiation protocol
URL：uniform resource locator
IMAP：internet message access protocol
MIME：multipurpose internet mail extension
RTP：real-time transport protocol

演習問題

[6.1] 次の記述中の①〜⑫に入れるべき適当な字句を解答群の中から選べ。

(1) 端末から入力されたデータは，①によって直流信号から交流信号に変換され，②を介して伝送される。送られてきたデータは，①によって再び交流信号から直流信号に変換され，③を通ってコンピュータで処理される。なお，データの伝送にディジタル回線を利用する場合には，④を使用する。

(2) 通信の速度を表す単位の1つにbpsがある。これは⑤とも表し，⑥を示す。このほか，1秒間にどれだけ変調できるかという⑦を表す単位に⑧があり，単位時間に何文字伝送できるかという⑨を表す単位に⑩などがある。

(3) トランシーバのように一方向ごとの通信しかできない方式を⑪といい，電話と同じように双方向同時に通信できる方式を⑫という。

＜解答群＞
a 通信制御装置　b ディジタル回線終端装置　c ボー　d 文字／秒
e 伝送速度　f 変調速度　g モデム　h 通信回線　i ビット／秒
j 信号速度　k 全二重方式　l 半二重方式

[6.2] スタート，ストップビットがそれぞれ1ビットの調歩同期式を使いデータ伝送速度500bpsの通信回線で50文字を送信する場合にかかる転送時間（秒）を求めよ。

第7章
様々なシステムアーキテクチャ

《本章の内容》
7．1　汎用システム分野
7．2　組込みシステム
演習問題

　企業活動や社会生活では，大規模システムから身近な製品まで何らかの形で情報システムの恩恵を受けている。本章では，様々なシステムアーキテクチャ，特に2章で述べた情報処理形態の中で企業システム，社会システム，オンライントランザクション処理システム，組込みシステムについて述べる。

キーワード：企業情報システム，オンライントランザクションシステム，組込みシステム

　7．1節では，汎用システム分野の企業情報システムと社会基盤となっているオンライントランザクション向けシステムについて述べる。
　7．2節では，組込みシステム，VLSIシステムについて述べる。

7.1 汎用システム分野

7.1.1 企業システムアーキテクチャ

〔1〕 **システム構成要素**　企業活動に伴う情報の流れは，組織構造と業務内容（機能）に依存して発生する。企業活動の根幹となる業務を基幹業務という。売上げ伝票の作成や年次処理など手順や処理の手順が明確に定義されたものを**定型業務**（standard work），市場動向調査や意思決定支援業務などを**非定型業務**（non standard work）という。基幹業務は経営の源で，日々の経営活動に欠かせない情報処理である。システムアークテクチャを形成する構成要素も組織構造面と機能面に対応して存在する。

（1）**組織面から見た企業情報システムの階層構造**　近年，企業の組織は複雑化され多様化している。企業経営管理の機能は各々独立したものではなく，一連の意思決定の**マネジメントサイクル**（management cycle）である。マネジメントサイクルは，システム開発のライフサイクルと似た行動体系「PLAN（計画） ─ DO（実施）─ SEE（統制）」に単純化される場合もある。ここでは，企業情報システムを経営管理の計画（PLAN）を主業務とする経営情報系システム層と業務を遂行（DO）する基幹業務系システム層，マネジメントサイクルや基幹業務系を支援，支える基本技術体系である情報通信技術（ICT）系層に単純化する。

各部門で現実の企業組織に沿ってシステムアーキテクチャを構築するため，システム構造がわかりやすいが，組織は流動的であるので，システム構築の初期段階から組織に依存しないアーキテクチャにする必要がある（図 7.1）。

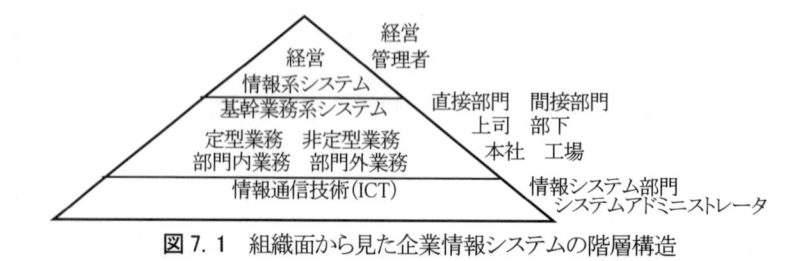

図 7.1　組織面から見た企業情報システムの階層構造

(2) **機能面から見た企業情報システムアーキテクチャ**　機能的に共通する構成要素を4つの系にまとめて構成する。経営管理機能を経営情報系に，生産活動を制御する業務を基幹業務系に，基本的な情報通信技術やクライアントサーバモデル，トランザクション処理システム機能をICT系に，顧客管理システムやインターネットビジネスモデルや電子商取引など企業外とのインタフェースを対外業務系に分類する。インターネットとパソコンの普及で4つの系は，グループウェアで業務遂行を行う。各系は，データベースシステム（DB）が基本で，業務の進行に沿って，共有データウェアハウス（データ倉庫：data warehouse）に蓄積し利用する。近年，インターネットやエンドユーザコンピューティング（EUC）の普及に伴う基幹業務系システムの形態変化により，情報通信技術系との区分がはっきりしなくなってきている（**図7.2**）。

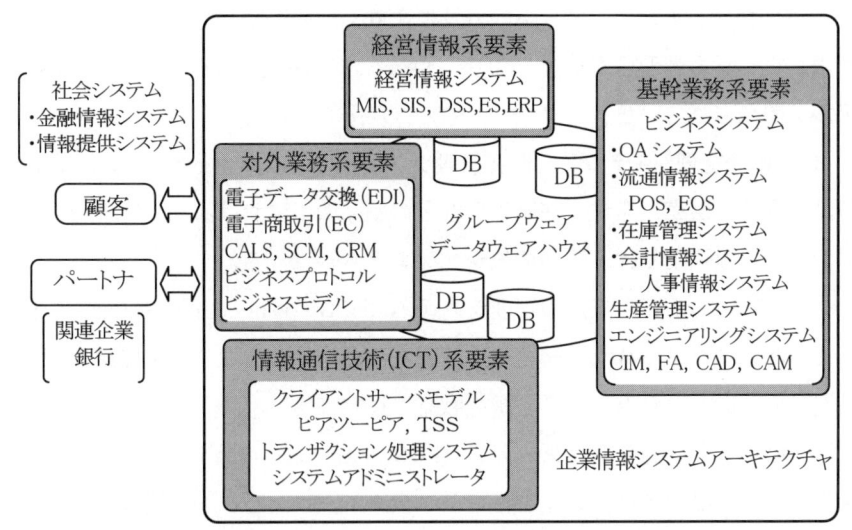

図7.2　機能面から見た企業情報システムアーキテクチャ

〔2〕**経営情報システム**　経営情報システム（MIS：management information system）は，コンピュータに蓄積されたデータを活用して経営管理者への情報提供を行い，企業経営の意思決定支援，統制管理を目的とする。

意思決定支援システム（DSS：decision support system）は，数値計算によりモデルとデータを用いて管理者がコンピュータと対話しながら意思決定を行う。

　戦略情報システム（SIS：strategic information system）は，情報システムをビジネス拡大に活用することを目的とし，情報技術と経営管理を融合したシステムで企業間ネットワークの普及が後押ししている。MISとは異なる。

　エキスパートシステム（expert system）は，記号処理を主体に知識データベースに基づき推論を行う方式である。

　ビジネスプロセスリエンジニアリング（BPR:business process reengineering）は，業務改革の方法で，業務プロセスを見直し，再構築することである。現在の業務内容の手順を変えず，作業内容のみを変える業務改善とは異なる。

　〔3〕**ビジネスシステム**　　企業活動のビジネスで発生する販売/在庫/管理業務などの情報を取り扱うシステムを**ビジネスシステム**（business system）という。パソコンとインターネットの普及により，一般家庭でもインターネットを利用したビジネス形態が普通となりつつあり，多機能な**インターネットビジネスモデル**が開発されている。

　(1)　**販売管理システム**　　販売管理システム (sales management system) は，製品の受注，販売，発注，在庫管理などの商品取引における一元管理を行うシステムで，流通業では，流通情報システムとも呼ばれる。

　①　**POS**　　販売時点情報管理システム（POS：point of sales system）を利用して，商品につけられたバーコード情報を商品の代金受取り時点で読み取り，消費者の動向をつかみ，企業の販売戦略に役立てる。

　②　**EOS**　　自動受発注システム（EOS：electronic ordering system）は，オンラインで商品の受注，発注を行うシステムで，コンピュータ処理によるためミス発注の防止となり，伝票作成の手間が削減され，出荷までの時間も短縮される。

(2) **在庫管理システム**　在庫管理システム (stock management system) は，商品の販売量を予測し，在庫量を適切に保持するシステムである。過剰在庫は，維持管理コストの上昇をまねき，品切れ状態では，顧客の注文に対応できない。在庫量をある一定量に保持する在庫管理方式には，定量発注方式と定期発注方式がある。

- 定量発注方式は，在庫量がある水準（発注点）まで下がると発注する。発注点は，商品の調達期間（リードタイム）を考慮して決める。発注量は，年間の発注費用と商品の保管費用を合計した在庫総費用の最小値のときを設定する。
- 定期発注方式は，商品ごとに発注日をあらかじめ決めて，定期的に発注する方式である。発注量は，手持ち在庫と予定消費量の関係から決める。

(3) **電子商取引**　電子商取引 (EC : electronic commerce) は，ネットワークや携帯電話などを介して，商取引を行う形態である。企業間取引を B to B, インターネット上での企業 (B) と消費者 (C) との直接取引を B to C という。

(4) **CALS**　CALS (commerce at light speed) は，インターネットを通じて，製品の設計，開発から流通に至る情報を関係企業間で共有，交換するシステムである。

(5) **顧客管理システム**　顧客管理システム (CMS : customer management system) は，現在，将来の取引企業の顧客情報をデータベース化して販売活動支援を行う。

(6) **顧客支援システム**　顧客支援システム (CRM : customer relationship management) は，顧客との関係を構築，維持することにより，顧客ごとの動向把握を行い，顧客ニーズ，顧客に合わせた販売を支援するシステムである。

(7) **生産管理システム**　生産管理システム (production control system) は，製造業で受注から生産，出荷まで生産業務情報を管理する。生産管理は，市場の状況，流通，小売などの動向を総合的に判断して行う必要がある。

〔4〕 **エンジニアリングシステム**　製造業の設計部門，生産管理，エンジニアリング部門を支援するシステムをエンジニアリングシステムという。エンジニアリングシステムに求められる機能は生産の自動化である。**FA**（生産自動化システム：factory automation）は，日本の経営者が提唱したもので，内容的には**CIM**（コンピュータ統合生産：computer integrated manufacturing）と同じである。FAには，①数値制御（**NC**：numerical control），②自動監視システム，③ロボットシステム，④自動搬送システム，⑤自動倉庫システム，⑥**CAD**（コンピュータ支援設計：computer aided design），⑦**CAM**（コンピュータ支援生産：computer aided manufacturing），⑧**CAE**（コンピュータ支援エンジニアリング：computer aided engineering），⑨**CIM**，⑩**CAP**（コンピュータ支援プランニング：computer aided planning），⑪**MRP**（資材所要量計画：material requirement planning）など多岐にわたる。

7.1.2　社会システムアーキテクチャ

社会基盤に関するシステムには，金融システム，予約サービスシステム，自治体情報提供システム，交通情報管制システムなどがある。オンラインリアルタイムシステムが基本であるが，携帯電話サービスやインターネットを活用した多くのサービスも提供されている。

（1）　**予約サービスシステム**　列車や飛行機，チケット，宿泊の予約を行うシステムで，JRの「みどりの窓口」が代表的である。インターネットや携帯電話での予約システムも提供されている。

（2）　**金融システム**　金融情報システムと日銀ネットを中心とする金融機関相互ネットワークから構成され，銀行POS，電子マネー，ホームバンキング，株取引などがある。

（3）　**情報提供検索システム**　政府や自治体の情報提供，公共施設案内，図書館情報ネットワーク，医療福祉情報提供，通信販売情報，電子掲示板，ICタグや衛星通信を利用したナビシステムサービスなど多種多様な情報提供サービスがある。

7.1 汎用システム分野

7.1.3　オンライントランザクション処理向けシステム構成

オンライントランザクション処理は銀行システムや基幹産業に利用されており，オンラインシステムの構築にあたって高性能化，高信頼性が求められる。

① **高性能化**　蓄積されたデータの一括処理を行うため，スループットの向上が必要で，機能分散，負荷分散により対応する。

② **高信頼性**　次の2つの機能が必要で，危険分散で対応する。

・処理の途中で障害が発生してシステムダウンとなることを避ける

・障害からの迅速な回復機能

これらの機能の達成には，コストアップが伴うため，安全性と経済性のトレードオフを考慮したオンラインシステムを構築する必要がある。

〔1〕**基本構成（1重系システム）**　1台のシステムで構成される基本システムを**シンプレックスシステム**（simplex system）という（**図7.3**）。システムの構成要素は，1.3節で説明した5大機能が基本となる。このシステムは，システムのどこかが故障してもシステムダウンとなる。

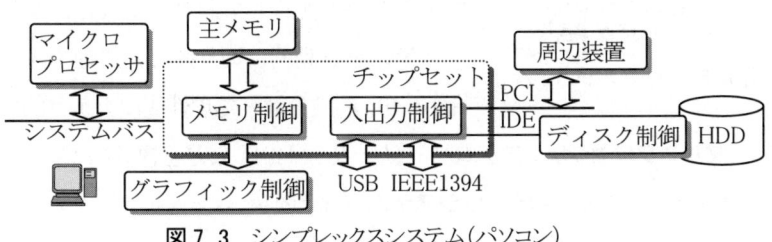

図7.3　シンプレックスシステム（パソコン）

〔2〕**ロードシェアシステム**　ファイルや通信回線などのコンピュータ資源を共有し，システムの負荷を分散させる構成を**ロードシェアシステム**（load share system）という。危険分散の機能を備えた構成もある。

〔3〕 **デュプレックスシステム**　2台のコンピュータシステムで構成され，一方をオンライン用，他方を待機用とするシステム構成を**デュプレックスシステム**(duplex system)という（図7.4）。オンライン用に故障が発生した場合は，切り換えて使用する。待機用は，通常はバッチシステムとして利用する。待機用システムが何らかの処理をしないで，故障時にすぐに継続できるように待機している状態を**ホットスタンバイ**(hot standby)，別な処理をしていて，オンライン用システムの処理を引き継ぐ前に今の処理を終了する時間が必要な状態を**コールドスタンバイ**(cold standby) という。

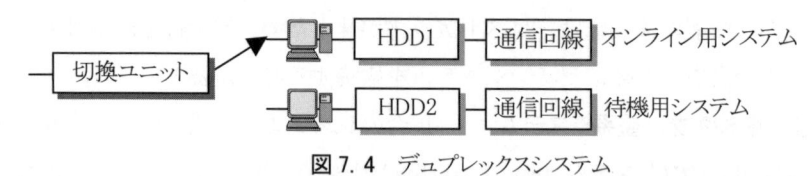

図7.4　デュプレックスシステム

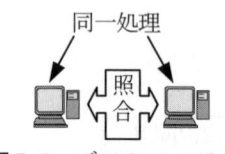

〔4〕 **デュアルシステム**　**デュアルシステム**(dual system) では，通常は2系統のコンピュータシステムを同時にオンラインシステムとして接続して同じ処理を行い，両者の処理結果を照合して誤りがあれば，故障したシステムを自動的に切り離し，処理を続行する（図7.5）。危険分散と処理性能向上が目的である。

図7.5　デュアルシステム

〔5〕 **マルチプロセッサシステム**　メモリやHDDなどを複数のCPUで共有するシステムを**マルチプロセッサシステム**(multiprocessor system) という。通常は，1チップに2コア構成で，複数の処理を並列または分担して処理する（図7.6）。性能向上や信頼性の向上が図れる。複数のCPUを1つのOSが制御する方式を密結合 (tight coupling) という。

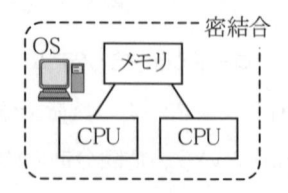

図7.6　マルチプロセッサシステム

〔6〕 **マルチコンピュータシステム**　2台以上のコンピュータがネットワークで接続され，各コンピュータが独立したOSで動く**疎結合**（loose coupling）システムを**マルチコンピュータシステム**という（**図7.7**）。コンピュータごとにOSも異なるシステムを**オープンシステム**（open system）という。インターネット上の多くのパソコンを疎結合してスーパコンピュータ並みの高性能処理を実現させる方式もある。

図7.7 マルチコンピュータシステム

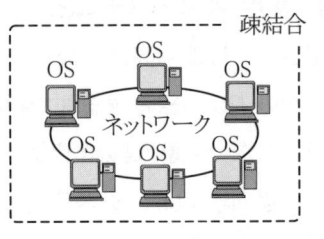

〔7〕 **フォールトトレラントシステム**　CPU，電源を含めたすべての構成要素を完全に2重化して，システムの一部が故障してもその故障部分を切り離し，システム全体の処理を続行する構成されたシステムを**フォールトトレラントシステム**（fault-tolerant system）という。システムの稼働中にも保守ができることから，**ノンストップコンピュータ**とも呼ばれる。

〔8〕 **タンデムシステム**　**タンデムシステム**（tandem system）は通信機能やファイル処理機能を分散させて本来の業務処理装置の前後に直列化したシステムで，業務処理を行う前に設置した処理装置を**フロントエンドプロセッサ**（FEP：front end processor），業務処理の後に設置する処理装置を**バックエンドプロセッサ**（BEP：back end processor）という（**図7.8**）。タンデムの本来の意味は3頭立て馬車のことである。負荷分散処理の構成である。

図7.8 タンデムシステム

〔9〕 **分散ファイルシステム**　ファイルを物理的に2重系構成として，同じ情報を同時に書き込むミラーディスク構成とし，傷害発生時は正常なバックアップファイルを書き戻す。

7.2 組込みシステム

〔1〕 **専用 VLSI システムとは**　汎用のマイクロプロセッサはパソコンなどで使用され，性能も高速となってきている。汎用マイクロプロセッサシステムは，汎用の OS が組み込まれて動作するため，何でもできる反面，特定分野では必要としない無駄な機能が含まれる。汎用以外の VLSI を専用VLSI，あるいは特定用途向き VLSI，システム LSI，組込みシステムなどと呼ぶ。VLSI は，多くの機能を１チップに入れることができるため，マイクロプロセッサを組み込んで，特定分野に適したシステムを構築することも可能である。ここでは，情報システムの機能，あるいは一部機能を持った VLSI システムを述べる。

　VLSI 化の目的は，汎用マイクロプロセッサに比較して開発期間の短縮，無駄な機能削減によるコストダウンと性能向上である。組み込む機能は，リアルタイム性能を生かした信号処理機能，画像圧縮伸長，音声合成，温湿度，光，ガス，赤外線などのセンサ検知機能の特化，フォールトトレラント機能などがある。

〔2〕 **専用 VLSI の適用分野**

(1) **専用マシンの VLSI 化**　専用のコンピュータシステムや専用の機能を持ち，従来は小規模の LSI で構成されていた多数のチップの１チップ化である。通常の LSI では論理回路のみで構成されるのが普通であるが，メモリ機能を盛り込んだマイクロプロセッサが考えられる。家庭電化製品，制御システム，スーパコンピュータやデータフローマシンなど多くのものが VLSI 化の対象となる。

(2) **新しい分野のVLSI化**　ロボット制御，知的情報処理分野，人工網膜などの医療情報処理分野，宇宙開発などコンピュータシステムそのものと異なる機能の実現を必要とする分野である。

(3) **その他の適用分野**　情報家電，エアコン，冷蔵庫，炊飯器，テレビ，ビデオ，ゲーム機器，FAX，カメラ，気象衛星ひまわり，福祉情報機器など多岐にわたる。

〔3〕 **専用VLSI向けアーキテクチャ**　VLSI化アーキテクチャでは，VLSIの特性を考慮する。チップの中に入れる基本機能の要件を次に示す。

(1) **機能はできるだけ単純なものがよい**　VLSIの性能は，クロックサイクルで決まる。クロックサイクルの高速化のためには，1クロック当りの論理回路の段数が少ないほうが有利である。この点を考えるとRISC(reduced instruction set computer)アーキテクチャはVLSIに向いている。RISCアーキテクチャとは，命令を単純化して，クロックサイクルを向上させる方式で従来方式をCISC(complex instruction set computer)という。

(2) **互換性問題を引き継ぎしないアーキテクチャ**　過去の命令セットを引き継ぎしない方式とする。VLSIでソフトウェアの互換性を吸収すると，VLSIアーキテクチャが複雑になる。命令セットの互換性は，性能を犠牲にしてもいいから，マイクロプログラム，エミュレーション，シミュレーションで対応する。新規分野であっても，同様に互換性問題が発生しにくいアーキテクチャを優先的に考慮する。

(3) **ソフトウェアとハードウェアのトレードオフ**　チップ面積，価格，性能などをアーキテクチャ設計の初期段階からシミュレーションして，システムとしてのトータルバランスを考える。

(4) **ノイマン型アーキテクチャにこだわらない**　専用VLSIシステムでは，主メモリにプログラムを内蔵する概念をなくして考える。専用VLSIシステムチップの中で，すべて動作が完結するアーキテクチャとする。

演習問題

[7.1] 身近な生活用品，家庭電化製品で利用されているマイクロチップや専用ＶＬＳＩシステムを調査しなさい。

[7.2] 次の記述に該当するコンピュータシステムの構成を解答群から選べ。

① 2台のコンピュータで処理結果を照合し，異常があればそのコンピュータを切り離して処理を続行する。

② 記憶装置などを複数のプロセッサで共有して，仕事を分担処理するので，各プロセッサが有効に利用される。

③ 2台のコンピュータのうち，一方のオンラインシステムが故障した場合には，他方のオフラインシステムに切り換えて処理を続行する。

④ 構成が最も簡単であるが，故障対策が必要である。

＜解答群＞
　a　デュプレックスシステム　　b　マルチプロセッサシステム
　c　シンプレックスシステム　　d　デュアルシステム

第8章 システム評価

《本章の内容》
8.1 システムの信頼性
8.2 コストパフォーマンス
演習問題

　システム開発の最終段階では，システム評価の結果が品質と機能，性能などの項目においてシステム発注者の要求仕様を満たしているかどうかの確認作業を行い検収する。検収をもってシステム開発は終了となる。本章では，システムの性能評価，信頼性について述べる。信頼性ではRASIS技術について，性能評価ではシステム性能と性能指標について述べる。

キーワード：RASIS，高信頼性向上技術，性能評価　　　　　❌

　8.1節では，システム構成要素の信頼性モデルを設定し，単体システム，直列システム，並列システム，複合システムの信頼性について説明する。信頼性向上技術についても述べる。

　8.2節では，性能評価指標と評価手法について述べる。

8.1 システムの信頼性

8.1.1 システム構成要素の信頼性

　システムには，複合システム，単体システム，VLSIシテム，組込みシステム，マイクロプロッセッサシステム，巨大プロジェクトなどシステム規模により様々な種類が存在するが，いずれも構成要素の複合体で構成要素も構成要素群ごとに階層化されている（図8.1(a)）。構成要素は，機能単位，構造単位，開発単位，組織単位などが考えられるが，システム評価では，システムの機能や構成を構成要素で仮想モデル化する必要がある。仮想モデル化は，現実に近い評価結果を得ることを目的に構成要素の階層構成に沿って行う（図(b)）。構成要素の仮想モデルは，システム全体や各階層に同じ考え方で適用できる。

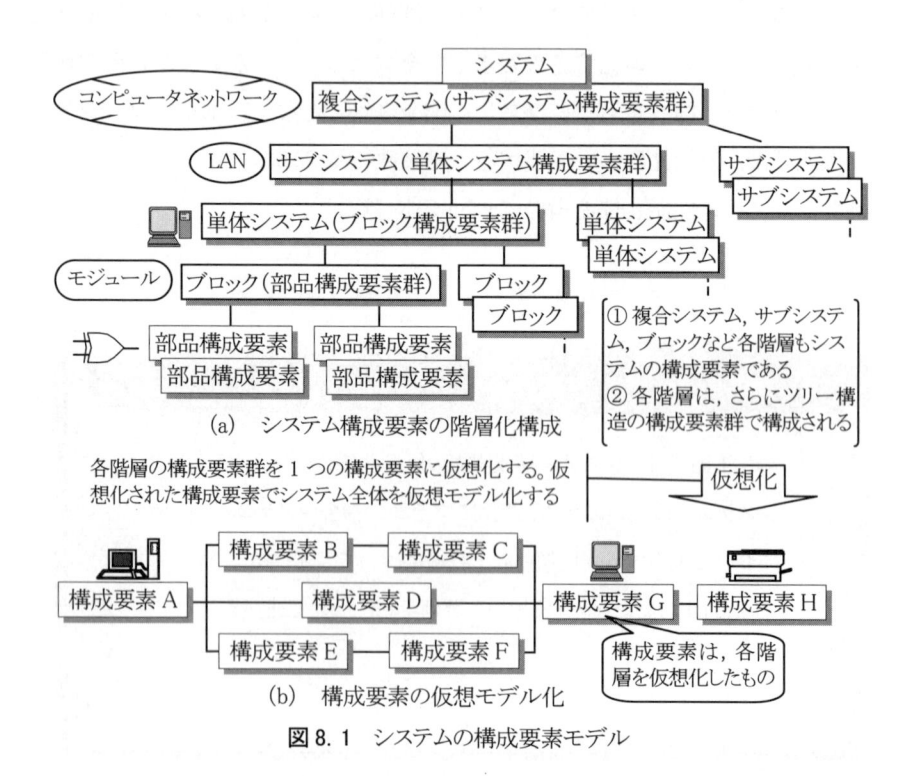

(a) システム構成要素の階層化構成

① 複合システム，サブシステム，ブロックなど各階層もシステムの構成要素である
② 各階層は，さらにツリー構造の構成要素群で構成される

各階層の構成要素群を1つの構成要素に仮想化する。仮想化された構成要素でシステム全体を仮想モデル化する

仮想化

(b) 構成要素の仮想モデル化

構成要素は，各階層を仮想化したもの

図8.1　システムの構成要素モデル

〔1〕 RASIS 技術　　**信頼性**（信頼度：reliability）とは，システムや情報機器，ネットワークなどの機能が一定条件のもとで一定期間，安全に安定して動作する能力で，ハードウェアやソフトウェアに依存する。ハードウェアの信頼性は，構成要素が規定の条件と期間中に規定の機能を遂行できる確率である。ソフトウェアの信頼性は，データ処理の妥当性，正確性，保守性，使い勝手の良さなどの概念で，構成要素，プログラムバグによりシステム障害とならないで動作する確率である。

　構成要素や単体システム，複合システム利用者に対する情報の信頼性，安全性などに対するサービス度を評価する尺度として **RASIS** が利用される。RASIS は，**信頼性** (reliability)，**可用性** (availability)，**保守性** (serviceability)，**完全性** (integrity)，**機密性** (安全性：security) の頭文字をとったものである（**表 8.1**）。インターネットの普及に伴い，情報やコンピュータ資源を破壊，改ざん，悪用などの犯罪から守るセキュリティが注目されている。

表 8.1　信頼性評価尺度と RASIS との対応

評価尺度	RASIS	内容
MTBF	信頼性 reliability	正常動作（故障から次の故障まで）の平均時間，長いほどよい　MTBF（平均故障間隔：mean time between failures）
稼働率 R	可用性（稼働性） availability	システムが正常に動作する確率，高いほどよい $R = \text{MTBF}/(\text{MTBF}+\text{MTTR}) = \mu/(\mu+\lambda)$
MTTR	保守性 serviceability	故障が継続する（修理にかかる）平均時間，短いほどよい MTTR（平均修理時間：mean time to repair）
故障率 λ（不稼働率）	$\text{MTBF}=1/\lambda$	1時間以内に故障が発生する確率 故障率 λ (failure rate) $= \text{MTTR}/(\text{MTBF}+\text{MTTR})$ FIT (failure unit) $=$ 故障率 $\times 10^9$
故障回復率 μ	$\text{MTTR}=1/\mu$	1時間以内に故障から回復する確率 $=R$ 故障回復率 μ：repair rate
なし	完全性（保全性） integrity	間違いや故意による消失/破壊からデータを保護，万一発生しても回復できる性質
なし	機密性（安全性） security	使う権利のない人にシステムやデータを使用させない性質
信頼度関数 $R(t)$		ある時刻 t において正常である確率 修理不可能なシステムの平均寿命 $= \int R(t)\,dt$

〔2〕 **信頼性評価尺度**　システムの信頼性を評価する尺度を**信頼性評価尺度**（reliability measurements）という。例えば，N 個の個別構成要素，情報機器が規定時間内に m 個故障するときの信頼度は，$(N-m)/N$ で表す。通常，オンラインリアルタイムシステムなどのコンピュータネットワークシステムでは，稼働し続けること（故障時間や修理時間が短い）が必要であり，信頼性評価尺度には，稼働時間（故障時間）を使用する（表8.1）。

〔3〕 **単体システムの信頼性**　単体システムや個別構成要素の信頼性は，**MTBF** と **MTTR** で表す。稼働率の最大値は 1 である。

$$構成要素の個別信頼性（稼働率）\ R = \frac{\text{MTBF}}{\text{MTBF}+\text{MTTR}} = \frac{\mu}{\mu+\lambda}$$

── 例 8.1 ──

平均で 100 時間正常に動作（MTBF=100）し，10 時間修理時間（MTTR=10）が発生した場合のシステムの可用性（稼働率）を求める。

$$システムの可用性 = \frac{100}{100+10} = 0.91$$

〔4〕 **複合システムの信頼性**　複合システムの信頼性は，直列系と並列系の組合せで求める。

(1) **直列系システムの稼働率**　システムの稼働率は，各個別構成要素の信頼性を掛けたものとなる（図8.2）。

$$直列系システム全体の信頼性（稼働率）\ R = R_1 \times R_2 \times \cdots \times R_n$$

直列系システムでは 1 つのユニットの故障でシステムダウンとなる
構成要素 n の稼働率：R_n
直列系システム全体の稼働率：$R = R_1 \times R_2 \times \cdots \times R_n$

$$R = \prod_{i=1}^{n}$$

図 8.2　直列系システムの稼働率

── 例 8.2 ──

$R_1=0.91,\ R_2=0.93,\ R_3=0.92$ の場合

　　直列系システムの可用性 $R = 0.91 \times 0.93 \times 0.92 = 0.7786$

(2) 並列系システムの稼働率　並列系システムでは，どれか1つの構成要素が動作すればシステム全体が動作する。すべての構成要素がダウンしてはじめてシステムダウンとなる。並列系システムの稼働率は，どれか1台が稼働中の稼働率に等しい（図8.3）。

並列系システム全体の信頼性（稼働率） $R = 1-[(1-R_1) \times (1-R_2) \times \cdots \times (1-R_n)]$

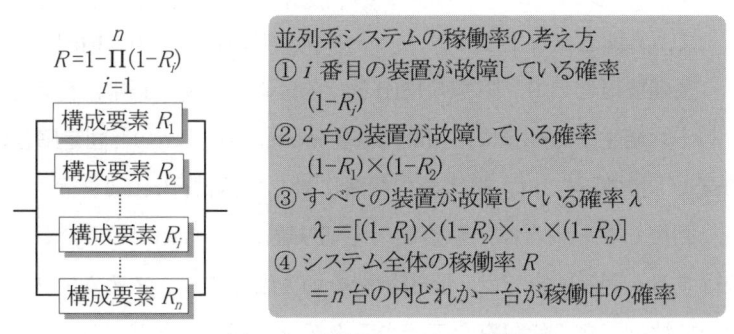

$$R = 1 - \prod_{i=1}^{n}(1-R_i)$$

構成要素 R_1
構成要素 R_2
構成要素 R_i
構成要素 R_n

並列系システムの稼働率の考え方
① i 番目の装置が故障している確率
　　$(1-R_i)$
② 2台の装置が故障している確率
　　$(1-R_1) \times (1-R_2)$
③ すべての装置が故障している確率 λ
　　$\lambda = [(1-R_1) \times (1-R_2) \times \cdots \times (1-R_n)]$
④ システム全体の稼働率 R
　　＝ n 台の内どれか一台が稼働中の確率

図8.3　並列系システムの稼働率

例8.3

$R_1 = 0.91$，$R_2 = 0.93$ の場合

並列系システムの可用性＝$1-(1-0.91) \times (1-0.93) = 0.9992$

---

(3) 直列，並列システムの複合体　稼働率は直列系と並列系に分解した仮想モデルを設定して求める（図8.4）。

直並列システム全体の信頼性（稼働率）R は直列，並列に分解して求める。

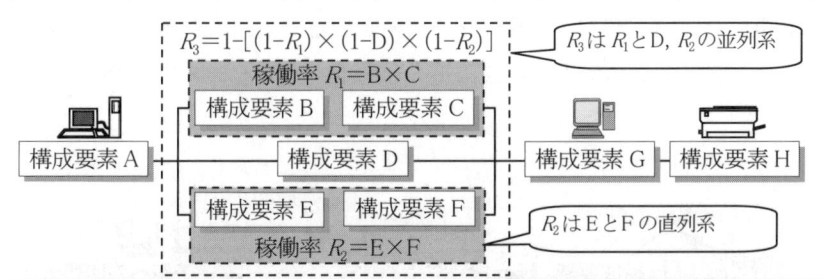

$R_3 = 1-[(1-R_1) \times (1-D) \times (1-R_2)]$　R_3 は R_1 とD, R_2 の並列系

稼働率 $R_1 = B \times C$
構成要素 B　構成要素 C

構成要素 A　構成要素 D　構成要素 G　構成要素 H

稼働率 $R_2 = E \times F$
構成要素 E　構成要素 F

R_2 はEとFの直列系

① 各構成要素の稼働率をA～Hとする　③ 最小構成から順番に稼働率を求める
② 構成要素を直列系，並列系に分解する　④ 全体の稼働率 $R = A \times R_3 \times G \times H$

図8.4　直列，並列複合システムの稼働率

8.1.2 信頼性向上技術

信頼性向上は，コストとのトレードオフで成り立つ。一般的に，システムのコストが高ければ，信頼性向上にも多くの技術を投入できるが，コストの安いシステムではあまり考慮されない。例えば，パソコンではシステムダウンすれば再起動で使えるが，システムダウンで失われたファイルやデータはユーザが諦めるしかない。システムアーキテクチャ設計では，情報の重要度とコスト面を考慮して，人間とソフトウェア，ハードウェアの各レベルで検討する。

RASIS の基礎技術として，障害の検出とシステムの遮断が正常に行えることが重要である。発生する障害には，**間欠障害**(intermittent error)と**固定障害**(solid error)がある。間欠障害では，障害発生個所に対して**再試行**(retry)を行い，回復を試みる。回復しない場合は，障害個所を**切り離し**(disconnect)して，システム処理を続行する。固定障害では，障害個所を切り離して，システムにダメージを与えないで続行できる仕組みをアーキテクチャレベルで考慮する。

OS の制御では，誤りプロセスの**異常終了処理**(abortion)，ファイルのクローズ，ロック中の資源の解放を行い，処理を続行する。システムの信頼性が低いと再起動に至り，最悪システム停止状態となってしまう。

〔1〕**冗長性**　冗長性 (redundancy) とは信頼性を向上する方法としてよく使われる手法で，本来の機能に予備の機能を持たせ，障害発生時に代役させる。多重系，照合システムで対応する**静的冗長性**とあらかじめ障害を想定して再試行などの技術をシステムに組み込み，障害の影響を除去する**動的冗長性**がある（図 8.5）。静的冗長性は，予備のシステムを用意するためコスト的には増大するが，オンラインシステムや社会に重大な影響を与えるシステムでは必要とされる。

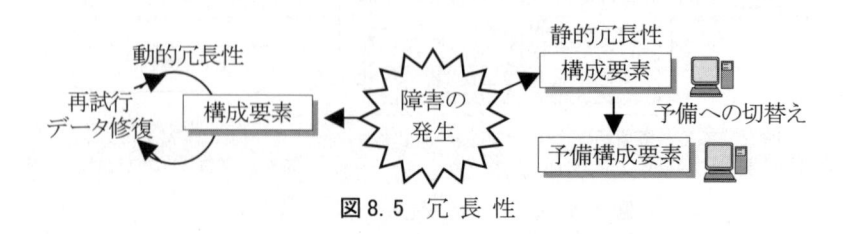

図 8.5　冗 長 性

〔2〕**符号化/誤り制御**　データに冗長ビットを設け，誤りの検出や訂正を可能とする。データのエラー状態を検出するために付加した**冗長符号**（redundancy code）を**誤り検出符号**（error detecting code）という。冗長符号は**チェックビット**（check bit），またはチェックコード（check code）と呼ばれ，1ビットのパリティビット（P：parity bit），数字1桁の**チェックディジット**（check digit），各桁の合計の**チェックサム**（check sum），1文字のチェックキャラクタ（check character）などがある。データのエラーを自動的に訂正できるように付加した冗長符号を**誤り訂正符号**（ECC：error correcting code）という。ハードディスク，データ伝送などで採用される。

(1)　**パリティチェック**　1ビットエラーの検出は可能である。偶数個のビットの誤り，誤りビット位置の検出は不可能である。**偶数**(even)**パリティ**，**奇数**(odd)**パリティ**，**水平/垂直パリティ**の方法がある。

(2)　**ハミングコード**　1ビットの誤り訂正(SEC：single error detection)と2ビットの誤り検出(DEC：double error detection)を可能とする。n個のパリティビットにより2^n-1ビット中の1ビットの誤り位置を検出する。

n個[第$1(2^0)$，第$2(2^1)$，第$3(2^2)$，第$4(2^3)$，…　第2^{n-1}番目]のビットをパリティビットとする。例えば，31ビット→5ビット，63ビット→6ビットである。

(3)　**巡回冗長検査**（CRC）　入力のビット列を表す式を一定の生成多項式で割り算した誤りをチェック用符号として付加する。複数ビットの誤り検出，訂正が可能である。

その他，リードアフターライト，エコーチェックなどがある。

〔3〕**比較方式**　同じ機能を持つ構成要素で2重系，3重系構成をとり，出力結果を比較(compare)する方法である。例えば，銀行オンラインシステムなどに利用される。3重系構成をとった場合は，エラーが発生した構成要素の特定まで可能となる。

〔4〕 **タイムアウトチェック**　一定時間に応答がないことを検出し，エラー発生状態を把握する方法で，使用されるタイマを**ウォッチドッグタイマ**(watch dog timer)呼ぶ。システムハングアップ状態の検出，特にチャネルや入出力インタフェース，通信制御などで使用される。OSの機能として実現され，システム再起動とする場合がある。

〔5〕 **自動再試行**(retry)　エラー発生時点でその操作をハードウェア，またはOSが再試行する方法である。プログラム，命令の再試行に利用される。エラー発生ポイントは，チェックポイントと呼ばれ，回復処理では，**チェックポイントリスタート機能**があり，一過性のエラーに効果がある。パソコンでは，エラー発生時に再起動する場合があるが，回復処理は行われず，データが破壊される場合もある。

〔6〕 **切り離し/代替機構**　エラーが発生した個所を利用できなくして，代わりの回路，構成要素を利用する。固定故障となったメモリやハードディスクを異なる番地で代替する。記憶装置などで利用される。オンラインシステムにおけるデュプレックスシステム(duplex system)，ネットワークシステムにおける回線切り離しなどがある。

〔7〕 **自動診断**　定期的に診断プログラムを走らせて，エラーを検知する方法である。例として，ディスクチェックや**ウィルスチェック**などがある。

8.1.3　システムの診断と保守

回線やネットワークを利用して離れた場所にあるコンピュータの診断(diagnosis)やメインテナンス(maintenance)を行うことを**リモート診断**(remote-diagnosis)という。最近では，インターネットを利用して，ソフトウェアや入出力機器のドライバ，BIOSのバージョンアップやウィルスチェックが実現できるようになってきている。インターネットによるバージョンアップは**ライブアップデート**(live update)とも呼ばれる。

システム稼働中にその空き時間をねらって行うオンライン診断を**マイクロ診断**(micro-diagnosis)という。汎用コンピュータでは，サービスプロセッサ(service processor) が診断やメインテナンス機能に対応している。

保守には**緊急保守**(EM：emergency maintenance)と**予防保守**(PM：preventive maintenance)がある。

〔1〕 **故障期間と保全**　システムのライフサイクルは，ソフトウェアとハードウェアに依存する。ソフトウェアや OS が変われば，故障していないハードウェアもただの箱となってしまう。ハードウェアは電子機器で構成されており，いずれは故障する。通常は，**バスタブ曲線**と呼ばれる故障サイクルをたどる（図8.6）。

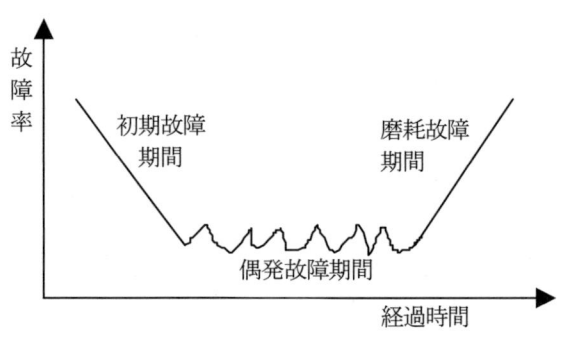

図 8.6　バスタブ曲線

新製品の初期状態では，システムのバグが残っているため故障率も高いが，しだいに低下してくる。初期故障期間を過ぎると，安定期に入ってくる。さらに，寿命近くになると再び故障率が高くなり，最後に固定故障となりその寿命を終える。

システムアーキテクトの役割は，初期故障期間の故障率を低く抑えるための信頼性向上対策を設計の初期段階から盛り込むことでもある。

〔2〕 **高信頼性化アーキテクチャ**　代表的なシステムはフォールトトレラントシステム（fault-tolerant system）と呼ばれる。システムの機能，各構成要素の複数化構造により，データ処理能力の向上と信頼性の向上を図る。

(1) **基本構成**（simplex system）　通常のシステム構成の場合，システム全体の稼働率は，直列系システムと同じで各構成要素の稼働率を掛けたもので求められる。一つの構成要素，機能が故障した場合は，システムダウン状態におちいりやすくなる。

　　稼働率 $R=R_1\times R_2\times\cdots\times R_n$

(2) **デュプレックスシステム**（duplex system）　一方をオンラインシステムとして，他方を待機システムの2系統システム構成をとる。エラー発生時は他方系統に切り替え，処理を続行する。

　　稼働率 $R=1-(1-R_1\times R_2\times\cdots\times R_n)^2$

(3) **デュアルシステム**（dual system）　2重系システム構成で同一処理を行い，双方の処理結果を照合する。

(4) **マルチプロセッサシステム**（multi processor system）　複数のCPUが主記憶，ファイルを共用する。一方のCPUがダウンすると，処理を残りのCPUで続行する。処理能力の向上もねらったシステムである。

(5) **分散処理システム**（distributed processing system）　複数のシステムをネットワークで結合し，処理を分散する。機能分散，負荷分散システムを構成する。

(6) **タンデムシステム**　複数のCPUを直列に接続，各々専門の機能を受け持つフォールトトレラントシステムである。電源も2系統構成となっている。オンライン処理，銀行関係，証券関連などで利用されている。

(7) **RAID**　HDDを並列に並べ，同じデータを異なるHDDに書き込んでつねにバックアップをとっておく。異常時はエラーの発生したHDDを交換する。

8.2 コストパフォーマンス

8.2.1 性能評価の基本

　システム設計や導入，ソフトウェアの購入は，コストパフォーマンス（価格性能比）が決め手となる。同じ価格であれば，より高性能なシステムはコストパフォーマンスが高い。システムの特徴や機能性能をコストに見合った価値があるかどうかを検討することを**性能評価**（performance evaluation）という。

〔1〕　**性能評価の定義**　　性能評価の対象として，①機能，②処理コスト，回線コスト，③処理能力（スループット：throughput），④処理速度（ターンアラウンドタイム），⑤応答速度（レスポンスタイム），⑥ヒューマンインタフェース，使いやすさ，デザイン，⑦汎用性，⑧互換性(compatibility)，⑨発展性，拡張性などを考慮する。これらの評価項目は，ハードウェアやソフトウェア，OS，ネットワークなど個別構成要素で達成されるものと構成要素の複合で達成されるものがある（**図8.7**）。

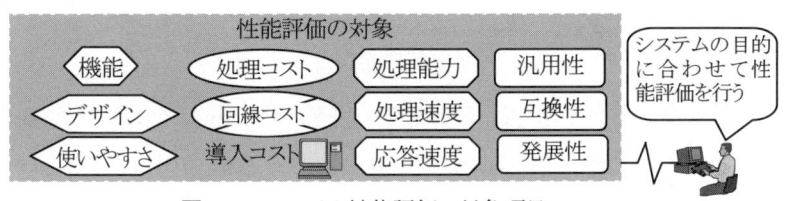

図8.7　システム性能評価の対象項目

　システムの性能は，そのデータ処理能力で表す。データ処理能力は，システムを利用するユーザの目的，システムの適用分野によりとらえ方が異なる。例えば，パソコンユーザにとっては，スループットの向上を図りたい，あるいはインターネットアクセスを高速にしたいと考えるし，TSSユーザにとっては，レスポンスタイムを速くしたいと考える。スループット，ターンアラウンドタイム，レスポンスタイムがデータ処理能力に関係する評価項目である。目的に合わせて，構成要素も含めたシステム全体の性能評価を検討する必要がある。

〔2〕 **絶対評価と相対評価**　性能評価には，絶対性能評価と相対性能評価がある。絶対性能評価は，例えば，100MIPS，データ転送速度 100MB/s，プログラム実行時間 100ms とか，具体的な値で示す。相対性能評価は，従来と比較してどれだけ性能改善が得られたかの性能向上率で表す。異なるシステムアーキテクチャ間では，性能評価値に影響を与える要因も異なるため，評価値が必ずしも正しいとは限らなくなる。

〔3〕 **データ処理能力の評価**　スループットとは，単位時間当りの仕事量であり，一定時間で処理できるデータ量の対象として，ジョブ数，トランザクション量などがあり，実稼働率に比例する。プログラムの単体実行では，実行時間の逆数で求まる。通常，プログラムの実行速度に比例してスループットも向上する。プログラム A とプログラム B での各々の実行時間を a, b とすると，各々の性能は次式で表される。

　　性能 A＝1/実行時間 a　　　性能 B＝1/実行時間 b

プログラム A を基準にしたプログラム B の性能向上率 ab　（a が b と比較してどれだけ速いか）は，次の値となる。

$$性能向上率\ ab\ (\%) = \frac{実行時間a - 実行時間b}{実行時間a} \times 100$$

ターンアラウンドタイムとは，TSS やインターネットアクセスでは，要求をしてからすべての処理が終わるか情報が送られてくるまでの時間で短いほど良い（図 8.8）。

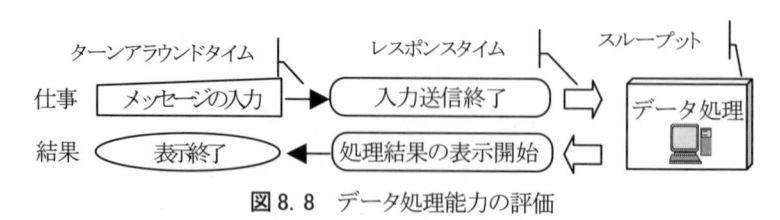

図 8.8　データ処理能力の評価

レスポンスタイム（応答時間）とは，データを入力してから，処理結果が出力され始めるまでの時間で，ネットワークシステムの場合は，伝送時間，回線待ち時間などを考慮してシステム開発する必要がある（図 8.7）。

8.2.2 コンピュータネットワークシステムの性能評価

ネットワークシステムの構築やパソコンの導入時に評価する項目は，機能仕様面と処理速度面がある。パソコンでは，クロックサイクルが高い以外にメモリ容量や，ハードディスク性能もシステム性能に関係してくる。性能評価値の求め方も実際にプログラムを実行する**ベンチマークテスト**などがある。

〔1〕 仕様面

(1) **命令の種類**　CPU の性能評価尺度の 1 つである。命令の種類が多いコンピュータはハードウェアの処理能力が大きい。定義できる命令種類の最大値は，命令の OP（operation）コード長を n とすると 2^n で表される。

(2) **主記憶装置の容量**　主記憶の容量に比例して同時にロードできるプログラム数やデータ数が増加，マルチプログラミングや TSS 処理能力の向上，インターネットアクセスの向上となる。その結果，コンピュータシステム全体のスループットが増大する。

〔2〕 処理速度面

(1) **命令実行速度**　命令実行速度の評価尺度としていくつかあるが，コンピュータの性能を正しく評価するとは限らないので，注意が必要である。

① **MIPS** (million instructions per second)

1 秒間に実行できる単純平均命令の数(百万単位)である。

　1 MIPS＝10^6 命令／秒＝百万回／秒となる。

② **MFLOPS** (mega floating operations per second)

　GFLOPS (giga floating operations per second)

1 秒間に実行できる浮動小数点演算の数(百万/億万単位)を表す。科学技術計算用コンピュータやスーパコンピュータの性能評価に使用する。

③ **KOPS** (kilo operations per second)

1 秒間に実行できる演算操作の数(千単位) を表す。

④ **KLIPS** (kilo logical inferences per second)

1 秒間に実行できる推論の回数(千単位)を表す。

(2) 命令（インストラクション）ミックス 命令の種類ごとに使う頻度に応じて重み付け（ウエイト）をして，命令実行時間の加重平均を求めたものである。科学技術計算用のプログラムに使用される出現頻度で，命令の種類ごとに重み付けをしたものにギブソンミックス(gibson mix)がある。事務計算用のプログラムに使われる出現頻度で，命令の種類ごとに重み付けをしたものにコマーシャルミックス(commercial mix)がある。コンパイラの高速化技術などでは，命令ミックスを分析して，使用頻度の高い命令の高速化を図り，プログラムの実行速度向上を図る。

―― 例 8.4 ――

各命令の実行クロック数と出現頻度が**表 8.2** に示されているとする。

① すべての命令が 100ns で実行できるとすると，MIPS は

$$10^9 \div 100 \div 10^6 = 10\text{MIPS}$$

となる。

表 8.2 命令のミックス

命令	クロック数	出現頻度(%)
add	3	33.0
multiply	5	25.6
divide	7	24.2
branch	2	17.2

② 各命令の平均クロック数は

$(3 \times 0.33)+(5 \times 0.256)+(7 \times 0.242)+(2 \times 0.172)=4.308$

となる。

③ 全体の平均命令実行時間と MIPS は，以下のように計算できる。

平均命令実行時間 $= 4.308 \times 100\text{ns} = 430.8$

$\text{MIPS} = 10^9 \div 430.8 \div 10^6 = 2.32\text{MIPS}$

(3) データの入出力速度 データ転送速度などが性能評価の対象となる。**表 8.3** に例を示す。

表 8.3 データ転送速度

入出力・補助記憶装置	性能指標
プリンタ	行/分
磁気テープ	バイト/秒
磁気ディスク	バイト/秒
伝送回線	ビット/秒
バス性能	MB/秒

〔3〕 **実測値による評価** 実測により性能評価データを得る方法である。実機評価ともいう。

(1) **ベンチマークテスト**(bench mark test) 実際使用する標準的なプログラムを実行して、スループットや応答時間などを実測する方法である。パソコンの性能評価などによく利用される。

(2) **カーネルプログラムテスト**(kernel program test) ベンチマークテスト同様に実機評価であるが、CPU時間を多用するプログラムの実行時間を測定してCPUの性能を比較、評価する方法である。性能評価用に作った特別なプログラムを実行する。

(3) **モニタリング**(monitoring) プログラム実行中のコンピュータシステム内部の状況を監視(モニタ)により調査して処理のネックになっているプログラム部分や装置を見つけ出す方法である。**ハードウェアモニタリング**と**ソフトウェアモニタリング**がある。

〔4〕 **OSの性能評価** 処理装置がユーザプログラムの実行を行わずにページの入出力処理に大部分の時間を費やす以下のような現象を**スラッシング**(thrashing)という。

① システムが大量の仕事を行っているが、有効な結果を生じないような状態
② 多重プログラミングにおいてジョブ処理のために使用される処理装置の時間の合計が単一プログラミング実行のときに使用される処理装置の時間に等しい

〔5〕 **システムの稼働状態の計測** スループットは実稼働率に比例する。実稼働率はCPUの有効利用率を計測して評価する。CPUの実稼働率に影響を与える要素には、CPUの台数、多重処理されるジョブの多重度、ジョブの行列、入出力システムの構成などがある。

例えば、1秒間当りの**トランザクション量**（TPS）は

$$TPS = \frac{システム資源の使用率}{システム資源の平均使用時間}$$

で評価できる。

8. システム評価

演習問題

[8.1] 計算機システムの可用性に関する次の問に答えよ。

(1) 次のシステム構成要素では長時間平均でみると，900時間正常に動作して，100時間修理時間が発生している。このときの構成要素の稼働率を求めよ。

構成要素

(2) 同じ構成要素を図のように2台並列に接続した並列システムを構築した。この並列システムの稼働率を求めよ。

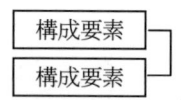

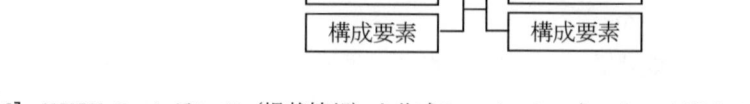

構成要素
構成要素

(3) 並列システムを2セット直列接続したシステムを構築した。システム全体の稼働率を求めよ。

構成要素	構成要素
構成要素	構成要素

[8.2] WWWのコンテンツ（掲載情報）を作成し，インターネットで公開する場合，著作権の侵害に該当するものはどれか。

a 他人のWWWページの内容を取り込まない形でリンクを張る。

b 他人のWWWページのフレームに大きさと背景の色をまねて作成する。

c 購入した本の文書をイメージスキャナで複写して利用する。

d 試用期間中のシェアウェアで画像を作成し，試用期間経過後もその画像を利用する。

[8.3] コンピュータウイルスの種類の1つとして，トロイの木馬型ウイルスがある。このトロイの木馬について考察せよ。

　①ギリシャ神話に出てくるトロイの木馬の本来の意味

　②トロイの木馬型コンピュータウイルスの意味

第9章
情報通信技術の発展と今後の動向

《本章の内容》
9.1　システムアーキテクチャの発展
9.2　次世代情報システム
演習問題

　情報通信技術を基盤とするインターネットやコンピュータネットワークのシステムアーキテクチャは，多機能モーバイル化とグローバル化を加速する傾向にある。本章では，情報通信技術の今後の動向，新しい分野のシステムについて述べる。

キーワード:ユビキタス, 感情処理, 生体認証, プロジェクト計画業務 ✕

　9.1節では，テクノロジとアーキテクチャ面からまとめて今後のコンピュータネットワークシステムを考察する。
　9.2節では，次世代情報システムとして，感情処理システムとヒューマンコミュニケーションシステムの発展を考察する。

9.1 システムアーキテクチャの発展

〔1〕 **構成要素の発展**　プログラム内蔵式のノイマン型アーキテクチャから始まったコンピュータの進化は，ハードウェアとソフトウェアの分化を生み，情報処理を目的とするコンピュータシステムから情報を遠隔地で処理共有するコンピュータネットワークシステムへと発展してきている。各階層単位にもシステムアーキテクチャは進化している。今日のパソコンとインターネットの時代のコンピュータネットワークシステムは，情報処理技術（IT）と情報通信技術（ICT）を基本とするコンピュータシステムが構成要素であるが，発展過程で次に示す2つの項目が，価格性能比を決める要因として挙げられる。

（1）**テクノロジの発展**　ハードウェアアーキテクチャレベルでは，高密度半導体技術を中心にマイクロプロセッサアーキテクチャへと進化してきている。パソコンでは，2000年にギガビットの時代に突入して以来，LANはギガビット，回線は100Mbpsとなり家庭内もADSLから光ケーブルへと移行しつつあり，携帯電話サービスも電子マネー，ワンセグ放送など多機能化が進んでいる。

ソフトウェアアーキテクチャレベルもOSアーキテクチャの業界標準化が進み情報処理技術に特化した高機能で安価なパッケージソフトが流通し，インターネットビジネスやインターネット放送など多様化している。

（2）**アーキテクチャの発展**　コンピュータの揺籃期は，テクノロジは幼稚でシステム設計のバランスは，アーキテクチャ指向型であった（図9.1）。構成要素は，テクノロジの進化が著しい。構成要素を組み合わせた大きなシステム開発では，構成要素の組合せ方に工夫が必要でアーキテクチャ指向型となる。

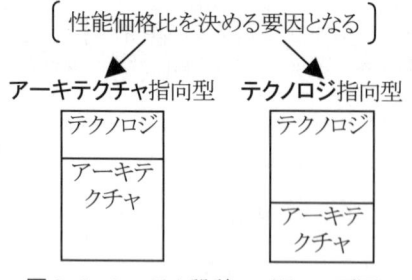

図9.1　システム設計のバランス要因

〔2〕 今後のシステムアーキテクチャ　コンピュータの基本原理はプログラムを読み出して実行することで，1940年代にコンピュータが生まれてから変わっていない。1970年代から1980年代には，汎用コンピュータのVLSI化が進み，テクノロジの比率が高まった，この傾向は，現在も続いている。テクノロジの発展は，RISC，CISC，パイプライン制御などマイクロアーキテクチャの発展を促し，1990年代のマイコンの発展とともに，パソコンとTCP/IPインターネットの時代へと変化していく。一方，情報を加工して処理する対象範囲がネットワークの発展とともにグローバル化し，世界的規模でリアルタイムに伝送処理されている。

固定電話網でも，既存電話網をIPベースのパケット交換網にする次世代通信網（NGN）への関心が高まっている。NGNは既存電話網およびインターネットの利点を兼ね備え，様々な情報通信サービスを1つの網で提供できる新たな概念の情報通信網である。新たな網の活用は，経済，社会，文化等あらゆる分野でさらなるユビキタス環境発展を実現しようとしている。

今後は，固定電話網や携帯電話網，衛星通信網，情報家電網，社会や産業の基幹システム網，ビジネスモデルも含めた国境を越えたグローバル化が加速されていく。システムアーキテクチャは，世界中のコンピュータシステムをあたかも自身専用の仮想システムとしていつでもどこでも利用できるユビキタス時代へと発展していく（図9.2）。

グローバル化は，情報の保護，犯罪防止策など情報のセキュリティ対策が情報通信技術発展に大きなウェイトを占めてくる。

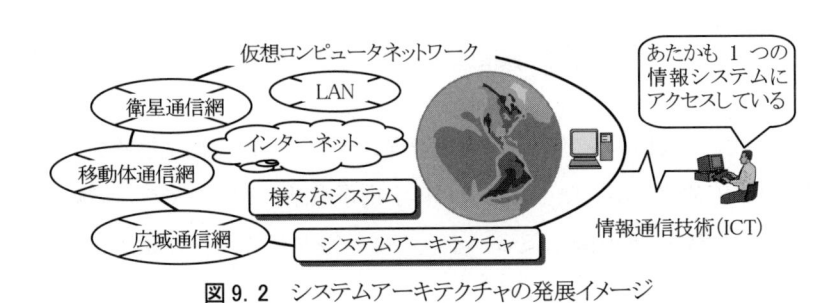

図9.2　システムアーキテクチャの発展イメージ

9.2 次世代情報システム

人間の情報処理の仕組みをシステム的に分析して，具体的なシステム制御や情報通信技術（ICT）に生かすことを人間情報処理という。次世代情報システムは，人間と密接に関連しながら進化する。主な分野はインターネットを基本とするビジネスモデル，社会生活関連，環境，医療福祉，感情処理などが考えられる。

〔1〕 **感情処理システムアーキテクチャ**　次世代の情報システムは人間との情報交換，特に感情や五感情報も理解することが可能な双方向性を兼ね備えた人に優しい考える情報システムに発展すると考えられる（図 9.3）。人間が携帯電話網も含むコンピュータネットワークシステムを介してコミュニケーションを行う処理形態で，人間の感情，ストレスなどの哀情報（マイナス感情）を音声やインターネットを通じて収集し，コンピュータ処理で，人間の気持ちやストレスを理解する。その度合いをコンピュータが判断して相手に正確に伝達，あるいは匂いや癒し音楽などのプラス感情に変換して人間に伝達するマルチメディアヒューマンインタフェースなどがある。

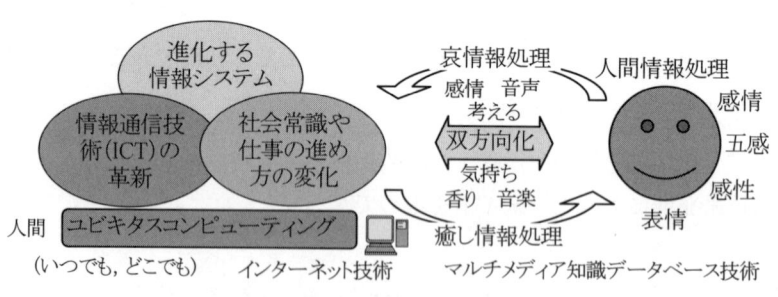

図 9.3　感情処理システムイメージ

応用として，哀情報システムの人事管理システム，医療福祉情報システムへの適用，五感情報を用いたインターネット携帯電話ビジネスモデルの顧客支援システム（CRM），顔情報コミュニケーションシステム，生体認証システムなどがある。

〔2〕 **知識ベースコミュニケーションシステムアーキテクチャ**　生体認証やエキスパートシステムなど知識データベースを介して人間どうしがコミュニケーションする枠組み（フレームワーク）である（図9.4）。

図9.4　知識ベースコミュニケーションシステムアーキテクチャ

(1) **生体認証システム**　生体認証システムにはコンピュータが蓄えられた知識データベースをもとに推論して，認証を行うシステムで分析型認証システム，合成型認証システムなどがある。認証対象には，顔，静脈，指紋，声紋など多く，認識率が高い手法が実用化されつつある。

(2) **自然言語処理**　言語処理とは話し言葉を単純にテキスト文章に変換する処理と外国語を翻訳するシステムで，文章を機械的に翻訳する機械翻訳 (machine translation)処理，話し言葉を文章や音声に翻訳する自然言語処理がある。

〔3〕 **次世代社会システムアーキテクチャ**　プロジェクトの開発構想，計画立案の自動合成システムで，標準的開発手順の総合的フレームワークを提供する（図9.5）。国家レベルの長期開発プロジェクト，社会システムなども含めたシステムの総合計画，エンタプライズアーキテクチャ（EA：enterprise architecture）の構築は，非定型業務を対象とするためあいまいさを多く含む。

構築手法の1つとして過去のプロジェクト計画，実行結果から予測して新たなシステムモデルを立案することが考えられる。

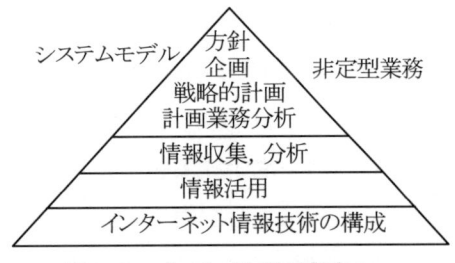

図9.5　プロジェクト計画業務のエンタープライズアーキテクチャ

演習問題

[9.1] コンピュータと人間が対話する方式について考察せよ。

[9.2] OSの発展は，コンピュータシステムの発展に依存して進化している。OSの目的は，リソースマネジメントであるが，利用者にとって必要な機能は，適用する分野により異なる。例えば，生産管理システムでは，リアルタイム性能の向上が求められ，オンラインシステムでは，信頼性が要求され，パソコンでは，使いやすさが必要とされる。

そこで，インターネットを含む様々な分野に共通する一般的な分野（汎用目的の分野）で，あなたにとって「理想のOSとは」何かを考察せよ。

[9.3] 情報システムの技術がどのように変化してきたか，その歴史的発展過程を

① コンピュータ方式技術

② 情報処理技術(IT)

③ 情報通信技術(ICT)

④ ヒューマンインタフェース

⑤ 情報コンテンツのセキュリティ

の観点から述べよ。さらに

⑥ 10年後の情報システム技術の発展

を考察せよ。

[9.4] 身近な生活環境で発生する問題点を1つ挙げ，その問題を解決するための情報システム構築を，① PLAN，② DO，③ CHECK，の各3段階で考察して設計仕様書にまとめよ。

[9.5] 4つの商品，うどん，そば，おにぎり，カレーライスをインターネットで注文を受け，販売するインターネットビジネスモデルを検討する。

① このプロジェクトが成功するための前提条件，実現のために必要なエンタプライズアーキテクチャ(EA)を考察せよ。

② インターネット上でシステム構築を行う場合，考えられるセキュリティ対策と知的所有権の侵害または侵害に加担する行為の事例を2つ以上挙げ，その行為が知的所有権のどの権利に抵触するのか説明せよ。

参 考 文 献

1) A.S.タネンバウム 著, 引地信之 ほか訳:OS の基礎と応用, トッパン(1995)
2) 安藤明之:情報処理概論(三訂版), 実教出版(2003)
3) 浅井宗海:新コンピュータ概論, 実教出版(1999)
4) 久保秀士:OS 概論, 共立出版(1995)
5) 安藤明之ほか:コンピュータ基礎の総合研究, 技術評論社(1998)
6) 石坂充弘:データ通信, オーム社(2001)
7) 薦田憲久ほか:ビジネス情報システム, コロナ社(2005)
8) 谷口秀夫:オペレーティングシステム, 昭晃堂(1995)
9) 加藤英雄:SEのための図解システム設計の基礎, 共立出版(2005)
10) 伊藤 潔ほか:情報システム技術の基礎, 共立出版(2003)
11) 瀬戸洋一:生体認証技術, 共立出版(2002)
12) 丸山 宏:XML と Web サービスのセキュリティ, 共立出版(2002)
13) 宇井徹雄:意思決定支援とグループウェア, 共立出版(2005)
14) 吉田 真ほか:ヒューマンマシンインタフェースのデザイン, 共立出版(2003)
15) 杉原敏夫ほか:経営情報システム, 共立出版(1997)
16) 佐藤治夫ほか:システム開発の総合研究, 技術評論社(1994)
17) 石田晴久ほか:X-Window 実用グラフィックス入門, 井門俊治(1992)
18) 日本電子工業振興会:マイコンストーリー, 誠文堂新光社(1987)
19) 池田克夫:オペレーティングシステム論, コロナ社(1984)
20) 浦 昭二ほか:情報処理システム入門, サイエンス社(2001)
21) 中野 馨:人間情報工学, コロナ社(1996)
22) 情報処理学会歴史特別委員会:日本のコンピュータの歴史, オーム社(1987)
23) 小泉寿男ほか:ソフトウェア開発, オーム社 (2003)

演習問題略解

第1章
[1.1]〜[1.4] 省略
[1.5] ①入力 ②記憶 ③演算 ④制御 ⑤出力
[1.6] (1) ④①③② (2) $\overline{A \cdot B}$ (3) ③

第2章
[2.1] ①b ②d ③a ④c ⑤h ⑥f
[2.2] ① ④

第3章
[3.1] 省略
[3.2] ① GR1←1536 GR4←111
　　　② GR2←63　 GR3←101
　　　③ GR2←428　 GR4←88
　　　④ (110)←1536 (111)←428
　　　　 (112)←101 (113)←88
[3.3] ①c ②a ③b

第4章
[4.1] プログラムBの最短実行時間 160 ms
1t＝10 ms 単位の表を作成する。

t	1	2	3	4	5	6	7	8
A	CPU 20		I/O 30			CPU 20		
B			C10				I/O 30	

t	9	10	11	12	13	14	15	16
A	I/O 40				C10			
B	CPU 20				I/O 20		CPU 20	

[4.2] ①プログラムの実行に伴い主メモリとHDD両方に領域が確保される。

	主メモリ				HDD
B	S:10	A:5	B:7	空:10	S:A:B
C	S:10	A:5	B:7	C:3	空:7	S:A:B:C
D	S:10	A:5	B:7	C:3	D:7	S:A:B:C:D

②メモリ容量が増加すると実行できるプログラム量が増加し，比例してHDD量も増加する。
[4.3] 本文を参照

[4.4] 優先順位方式とは，プロセスの処理に優先順位を付ける方式。ラウンドロビン方式とは，プロセスに処理装置の占有時間を均等に割り当てる方式で，TSSで採用。

第5章
[5.1] 田中真司
[5.2] ③
[5.3] ①e ②c ③b ④a ⑤d
[5.4] ファイルの読み出し中であれば，再起動でファイルが元に戻る確率が高いが，書込み中にサーバの電源が突然切れるなどのシステム障害が発生した場合は，最悪ファイルが破壊される。

第6章
[6.1] ①g ②h ③a ④b ⑤i ⑥j ⑦f ⑧c ⑨e ⑩d ⑪l ⑫k
[6.2] 1文字10ビットで50文字では，50×10＝500ビットのデータが必要で，500ビット/500bps＝1秒となる。

第7章
[7.1] 省略
[7.2] ①d ②b ③a ④c

第8章
[8.1] (1) 900/(100+900)＝0.9
　　　(2) 1−(1−0.9)×(1−0.9)＝0.99
　　　(3) 0.99×0.99＝0.9801
[8.2] c
[8.3] ①トロイの木馬は，ギリシャ神話の伝説の中で，戦士が入った巨大な木馬が城内に引き入れられたため難攻不落のトロイ城が落城したとの話。②感染するとプログラムの一部を入れ換えて，実用性や娯楽性要素を含んだプログラムに見せかけて，データの盗用(不正コピー)，悪用，改ざんなどを行う。

第9章
すべて 略

索 引

【あ】

アイコン	69
アーキテクチャ	2
アセンブラ	54
アナログ回線	16
アプリケーションプログラミングインタフェース	72
誤り検出符号	169
誤り訂正符号	169
αテスト	43
アンバンドリング	5

【い】

イーサネット	140, 142
意思決定支援システム	153
異常終了処理	168
イベントドリブン	29
インストラクションミックス	176
インターネット	8, 15
インターネットアドレス	146
インターネットビジネスモデル	154
インタフェース	67
インタプリタ	54
イントラネット	132, 141

【う】

ウィルスチェック	170
ウィンドウシステム	69
ウォータフォールモデル	39
ウォッチドッグタイマ	170

【え】

永久ファイル	106
エキスパートシステム	154
エクストラネット	141
エンドユーザコンピューティング	68

【お】

応答時間	29
オーバラッピング方式	70
オーバレイ方式	97
オブジェクトプログラム	54
オフライン	25
オフラインシステム	26
オープンシステム	6, 159
オペレータ	67
オペレーティングシステム	4, 73
オンデマンドページング	91
オンライン	25
オンラインシステム	14, 26
オンライントランザクション処理	24, 26, 157
オンラインリアルタイム処理	6, 30

【か】

回線交換サービス	17
階層型データモデル	119
会話型処理	26, 28
仮想記憶方式	90
仮想記憶編成	117
仮想空間	88
仮想モデル	44
カタログ	111
カタログ管理方式	111
カタログプロシージャ	79
カーネルコール	77
カーネルプログラムテスト	177
ガーベージコレクション	114
カレントディレクトリ	111
可用性	165
間欠障害	168
完全性	165

【き】

記憶保護	93
機械語	51
擬似コーディング	60
奇数パリティ	169
機能中心型設計技法	57
基本ソフトウェア	10, 18, 66
基本ファイル	106
業務	20
切り離し	168
緊急保守	171

【く】

偶数パリティ	169
区分編成	117
組込みシステム	9
クライアントサーバシステム	6, 32
グラフィカルユーザインタフェース	68, 69
クリティカルセクション	123
グループウェア	15, 34
クロスアセンブラ	55
クロスコンパイラ	55

【け】

経営情報システム	153
ゲートウェイ	144, 145
検収	43

【こ】

高水準言語	50
構成要素	4
項目	105
顧客管理システム	155
顧客支援システム	155
固定障害	168
コマンド	69
コマンドユーザインタフェース	69
コールドスタンバイ	158
コンパイラ	54
コンピュータアーキテクチャ	7
コンピュータシステム	2, 9, 18
コンピュータネットワーク	14
コンピュータリテラシ	4

【さ】

在庫管理システム	155

索引

再試行	168	
再配置	89	
索引順次編成	117	
サスペンドロック	125	

【し】

ジェネレータ	54
シェル	78
時間分割処理	30
資源	21
事象	29
システムアーキテクチャ	2, 11
システムアーキテクト	4
システムアドミニストレータ	4, 67
システムインテグレーション	22
システム企画	46
システム合成	45
システム構築	22
システムソフトウェア	5, 21, 66
システム設計	22
システムデーモン	77
システムファイル	105
システム分析	44
次世代通信網	15
実装	45
写像	89
ジャーナルログ	106
順次編成	116
集中処理	31
冗長性	168
冗長符号	169
ジョブ	30
ジョブクラス	80
ジョブスケジューラ	81
ジョブ制御言語	78
情報	19
情報格差	6
情報システム	19, 22
情報弱者	6
情報処理	19
情報処理技術	2
情報処理システム	5, 22
情報通信技術	2
シリアルバスインタフェース	133
シングルタスク	83
シンプレックスシステム	157
信頼性	165
信頼性評価尺度	166

【す】

垂直分散処理	31
水平分散処理	32
スキーマ	120
スクリプト	53
スタンドアロン	26
ストライピング方式	33
スパイラルモデル	40
スーパコンピュータ	6
スーパバイザ	77
スーパブロック	112
スピンロック	125
スプール機能	115
スラッシング	177
スループット	28, 74
スレッド	77
スワップイン	93, 97
スワップアウト	93, 97

【せ】

正規化	127
生産管理システム	155
静的冗長性	168
静的リンク	56
性能評価	173
セキュリティ	165
セグメント	93
設計記述言語	53
セッション	30
セマフォア	126
センターバッチ処理	28
全二重伝送	16, 18
戦略情報システム	15, 154

【そ】

総合システムテスト	43
疎結合	159
ソースプログラム	54
ソフトウェア	2, 10

【た】

ダイナミックリンクライブラリ	56
タイムシェアリングシステム	30
タイムシェアリング処理	30
タイムスライス	30, 83
タイリング方式	70
対話型処理	29
ダウンサイジング	6
タスクスワップ機能	98
ターンアラウンドタイム	30, 74, 174
タンデムシステム	159, 172
断片化	94
単方向伝送	18

【ち】

チェックサム	169
チェックディジット	169
チェックビット	169
チェックポイントリスタート機能	81, 170
直接編成	117

【つ】

通信回線	14, 16
通信制御	132, 133
通信制御装置	138
通信ネットワーク	14

【て】

定型業務	152
ディジタル回線終端装置	138
ディジタル変調	16
低水準言語	50
ディスパッチ	83
ディレクトリ	104
テクノロジ	8
デシジョンテーブル	44
データ	19
データ回線終端装置	137
データ記述言語	121
データ収集	26
データ処理システム	5
データセット	104
データ端末装置	139

データ中心型設計技法	57	【の】		ファームウェア	21
データ通信システム	14	ノイマン型コンピュータ	7	フェイルセーフ	74
データ伝送	14, 25	ノンストップコンピュータ	159	フェイルソフト	74
データ分配	27	【は】		フォルダ	104, 108
データベース	26, 107	ハイパーテキスト	52	フォールトトレラントシステム	159
データベース管理システム		パケット	15, 16	ブーツストラップ	75
	9, 21, 118, 121	パケット交換サービス	17	物理空間	88
手続き型言語	50	バスタブ曲線	171	ブラックボックス法	48
デバイスドライバ	135	バッキングストア	89	プリエンプション	84
デファクトスタンダード	131	バックアップファイル	106	ブリッジ	145
デブロッキング	108	バックエンドプロセッサ	159	フリーランニング	140
電子商取引	155	バックグラウンドジョブ	78	プレゼンテーション	24
電子データ交換	14	バックボーン	143	フレーム	140
電子メール	15	パッケージソフト	5	フレームリレー方式	145
デュアルシステム	158, 172	発生ファイル	106	ブレーンストーミング	44
デュプレックスシステム		バッチ処理	6, 28	プログラマ	48, 67
	158, 172	ハードウェア	2, 10	プロセス	77, 82
テンポラリファイル	106	ハードウェア記述言語	53	ブロッキング	108
【と】		ハードディスク	33	ブロードキャスト	18
問合せ応答	27	ハブ	143	プロトコル	130
動作原理	2	ハミングコード	169	プロトタイピング	39
動的アドレス変換機構	91	パラレルバスインタフェース	133	プロトタイプモデル	39
動的冗長性	168	パリティチェック	169	ブロードバンド	17
動的リンク	56	バンドリング	5	分散処理	31
動的割当て	89	半二重伝送	18	分散データベース	33
特殊問題向き言語	50	販売管理システム	154	【へ】	
トークンパッシング	143	汎用コンピュータ	6, 76, 116	並列処理	31
トークンリング	143	汎用プログラム言語	50	ページアウト	91
トップダウン設計手法	40	【ひ】		ページイン	91
トポロジー	18, 143	ピアツーピアシステム	6, 33	ページジング	91
ドライバ	135	ピアツーピア型PC-LAN	33, 143	ページフォールト	91
ドライブ	104	ビジネスシステム	154	ベースバンド	143
トランザクション処理	9, 24	ビジネスプロセスエンジニア		βテスト	43
トランザクションファイル		リング	154	ベンチマークテスト	175, 177
	106, 110	非定型業務	152	【ほ】	
トランザクション量	24, 177	非手続き型言語	50	ボー	16
【に】		光ファイバケーブル	17	保守性	165
2線式回線	16	ヒューマンインタフェース	68	ホットスタンバイ	158
【ね】		【ふ】		ボトムアップ設計手法	40
ネットワーク	2	ファイアウォール	141	ホームページ	52
ネットワークアーキテクチャ	9	ファイル管理	107, 111	ボリューム	104
ネットワーク型データモデル	119	ファイルシステム	9, 104	ホワイトボックス法	48

【ま】

マイクロ診断	170
マイクロプログラム	21
マークアップ言語	52
マスタスケジューラ	80
マスタファイル	106
マネジメントサイクル	152
マルチウィンドウシステム	69, 70
マルチキャスト	18
マルチコンピュータシステム	159
マルチタスク	83
マルチプログラミング	83
マルチプロセッサシステム	158, 172
マルチメディア処理	8

【み】

密結合	158
ミドルウェア	21, 66
ミニコンピュータ	14
ミラーリング方式	33

【め】

メッセージ交換	9, 27
メンバ	59

【も】

目的指向型	44
モデム	16, 137
モニタリング	177
問題点指向型	44

【ゆ】

ユーザインタフェース	68
ユーザファイル	105
ユニキャスト	18

【よ】

予防保守	171
4線式回線	16

【ら】

ライブアップデート	171
ライフサイクル	38
ライブラリ	77
ランダム編成	117

【り】

リアルタイム処理	6, 28
リピータ	145
リモート診断	170
リモートバッチ処理	29
リレーショナル型データベース	119

【る】

ルータ	145
ルートディレクトリ	111

【れ】

レコード	104, 110
レジストリ	77
レーシング	122
レスポンスタイム	29, 74, 174
連想記憶	92

【ろ】

ローカルエリアネットワーク	15, 18, 142
ローカルバッチ処理	28
ロック／アンロック	124
ログファイル	106
ロードシェアシステム	157
ロードモジュール	55
ロールバック	122
ロールフォワード	122
論理空間	88

【わ】

ワーキングセット	91
ワークステーション	6, 76
ワークファイル	106

【A】

AD	16, 137
A-D 変換	137
ADSL	17, 137
AM	137
ANCI	49
API	72, 132
APR	115
ARPANET	15, 130
ATA	134
ATM	145

【B】

BASIC	55
BIOS	98, 135
bps	16
BPR	154
BtoB	52, 155
BtoC	52, 155

【C】

C 言語	52, 59
C++	59
CAD	6, 24, 156
CAE, CAM, CAP	156
CALS	155
CATV	17
CCU	138
CIM	156
CMS	155
CPU	10, 159
CRM	155
CSMA/CD	142
CUI	69

【D】

DA	16
DAM	117
DB	26, 107
DBMS	21, 118
DCE	137
DDL	121
DDR	115
DDX-C/ DDX-P	17
DEC	169
DFD	45
DLL	56
DNS	34, 148
DSCB	112
DSS	154
DSU	131, 138
DTE	139

【E】

EC	155
ECC	169
EDI	14
EM	171
EOS	154
EUC	5, 41, 68, 153

索引 191

【F】
FA	156
FAT	113
FDDI	143
FDM	140
FEP	134
FM	137
FTTH	17

【G】
GUI	6, 69

【H】
HDD	33
HDL	53
HDLC	140
HI	68
HTML	52

【I】
iノード	112
IBG	108
ICT	2
IDE	134
IETF	147
IOCS	134
IOS	134
IPアドレス	146
IPL	75
IPv4, IPv6	146
IRG	108
ISAM	117
ISDN	17, 145
ISO	49, 130
IT	2
ITU-T	15

【J】
Java	53
JavaScript	53
JCL	78
JIS	49

【K】
KJ法	44
KLIPS	175
KOPS	175

【L】
LAN	15, 18, 141

【M】
MAC	143
MAU	143
MFLOPS	175
MIPS	175
MIS	153
MODEM	16, 137
MPU	10
MRP	156
MS-DOS	52
MTBF, MTTR	166

【N】
NC	156
NetWare	76
NGN	15, 181
NTFS	113

【O】
OLTP	24
OS	4, 73
OSアーキテクチャ	9
OSI	131

【P】
PCB	83, 85
PC-LAN	144
PM	137, 171
POP	2
POS	154

【R】
RAID	33, 172
RASIS	165

【S】
SAD	66
SAGE	14
SAM	116
SEC	169
Serial ATA	133
SGML	52
SI	22
SIS	15, 154
SNA	130
SPOOL	115
SQL	121, 127

【T】
TCP/IP	15, 130, 148
TLB	92
TPS	177
TSS	30, 80

【U】
UI	68
UNIX	6, 56, 76, 112
USB	133

【V】
VLSIシステム	9, 61, 160
VSAM	117
VTOC	112

【W】
Web	52
Windows	56
WWW	15

【X】
Xウインドウ	70
XHTML	53
XML	52

―― 著者略歴 ――

1970年　長崎大学工学部電気工学科卒業
1995年　長崎大学大学院博士後期課程修了（海洋生産開発学（現 システム科学）専攻）
　　　　博士（工学）
現在，東海大学教授

図解　システムアーキテクチャ
System Architecture　　　　　　　　　　　　　　　　© Tamotsu Noji 2007

2007年9月28日　初版第1刷発行　　　　　　　　　　　　　　★

	著　者	野　地　　　　保
検印省略	発行者	株式会社　コロナ社
		代表者　牛来辰巳
	印刷所	三美印刷株式会社

112-0011　東京都文京区千石 4-46-10
発行所　株式会社　コロナ社
CORONA PUBLISHING CO., LTD.
Tokyo Japan
振替 00140-8-14844・電話(03)3941-3131(代)
ホームページ　http://www.coronasha.co.jp

ISBN 978-4-339-02424-1　（新宅）　（製本：愛千製本所）
Printed in Japan

無断複写・転載を禁ずる
落丁・乱丁本はお取替えいたします